Coffee Shop
Coffee house
Coffee Break
ALL you need is coffee
Bon Appetit

Coffee Shop
Coffee house
Coffee Break
Bon Appetit
All you need is coffee

현직 커피헌터 · 프로듀서가 가르치는
커피의 실제

바리스타를 위한

커피 교과서

박창선
(사)한국식음료외식조리교육협회

(주)백산출판사

Preface

한국에 커피가 소개된 지 이미 백 년을 훌쩍 넘어갔지만, 커피가 전문성을 가지고 학문으로 체계화되기 시작한 지는 불과 20년도 안 되었다. 게다가 커피 생산국이 아니라 커피 소비국에 불과한 우리나라는 어떠한 검증적 절차도 없이 물 건너온 편협한 지식에 의존할 수밖에 없었고, 이는 양적으로 팽창하는 커피산업의 전문성을 가로막는 큰 원인이 되어 왔다.

많은 커피전문가들이 관련 부가가치를 창출하기 위해 땀 흘리고 있으나, 폭넓고도 다양한 가치를 수용해 나가지 못하고, 한정된 지식의 채널로 인하여 비판 없는 수동적 교육에만 의존한다는 것은 매우 아쉬운 대목이다.

강의를 다닐 때마다 항상 강조해 온 커피의 '기호성'과 문화산품으로서의 '상대성'을 무시하는 많은 함량 미달의 자료들이 인터넷이나 전문매체를 타고 범람하는 가운데 이미 학생들은 필요한 정보의 채널 선택권이 없는 것처럼도 보인다.

세계 각국의 커피 생산지를 발로 뛰어다니며 많은 커피프로듀서들을 만나 그들과 땀을 섞고, 한편으로는 해외 석학들과 머리를 맞대고 고민해 온 시간이 십수 년이 넘는다. 또한 매년 백여 톤의 커피를 대한민국의 커피시장에 공급해 오면서 체험한 지식을 체계화하고 요약하여 바리스타를 위한 기본 지침서를 출판하게 됨은 필자에게도 고무적인 일이다.

책을 쓰기 위한 객관적인 통계자료는 가급적 공신력 있는 전문기관으로부터 발췌하려 노력했으며, 하루가 다르게 변모해 가는 커피시장의 현실에 발맞추어 가장 최근의 자료를 사용하기 위해 심혈을 기울였다.

물론 이 책이 커피에 관한 모든 것을 완벽하게 설명해 주지는 못하겠지만, 지면이 허락하는 한에서 바리스타가 꼭 알아야 하는 커피에 대한 전반적인 중요 지식은 모두 요약하여 안내하고자 하였다.

이 책을 통해 커피바리스타의 길로 들어서는 여러 독자들과 소통할 수 있는 장이 열리길 기대하며 커피 전문가의 길로 들어서는 독자들과 가장 가까이 위치하며 항상 대화할 수 있기를 바란다.

편협하지 않은 시각으로 나누는 풍부한 커피이야기는 항상 바리스타의 양식이 된다. 또한 새로운 것을 배우고 또 이를 알리는 일은 늘 나의 심장을 뛰게 한다.

한정된 지면에 다 전하지 못한 저자의 미천한 지식과 경험을 나누고 싶은 독자분은 언제든 저자의 문을 두드려 주기를 간청한다. 완벽하지 못한 졸저에 대한 비판의 시선 또한 기꺼이 받아들이고자 한다.

모쪼록 이 책이 바리스타를 위한 전문지식을 가장 효율적으로 전달하는 소임을 충실히 다할 수 있기를 바라며 마지막 남은 커피 한 모금마저 털어넣는다.

박창선 Sean Park / kyobo24@naver.com

CONTENTS

III 커피의 생산

Ⅳ 추출

Ⅴ 커피 메뉴

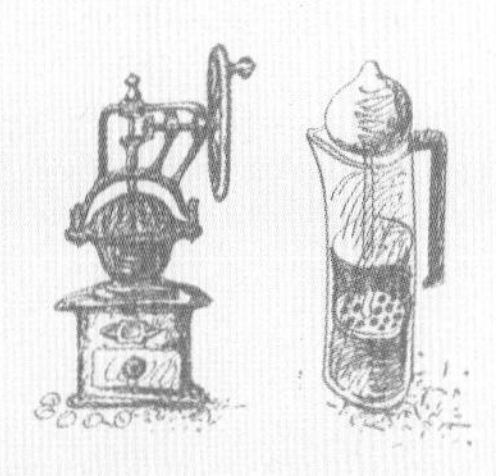

바리스타를 위한
커피교과서

Coffee

I

커피학 기초

커피학 기초

1 커피의 기원과 전파

1) 커피의 시작

커피의 시작에 대하여는 역사적 문헌으로 확립된 바는 없다. 단지 커피가 발견되고 음용되기 시작한 시대와 배경에 대하여 이해하는 것은 커피라는 단순 음료가 아닌 문화적 산물에 대한 가치를 이해하는 근원이 될 수 있기에 중요하다고 할 수 있다.

흔히들 서구 기독교권의 음료라 생각하기 쉬운 커피는 사실 이슬람 문화권의 음료로 그 태동을 시작하였다.

커피의 시작에 대하여는 여러 가지 설이 존재한다.

그중 가장 유명한 것이 "칼디(Kaldi)의 전설"과 "오마르(Omar)의 전설"이다. 둘 다 시공간적 배경이 이슬람 문화권이기에 커피가 이슬람의 음료로 시작되었다는 것에는 이견이 없다.

현재 커피의 원산지는 에티오피아로 인정되고 있다.

칼디의 전설

칼디의 전설은 천 년 전, 현재의 에티오피아인 아비시니아 제국에서 시작한다.

여러 학자에 따라 칼디의 전설의 시발점을 7세기부터 11세기까지 다양하게 보고 있다.

아비시니아 제국의 높은 고원지대에 살던 목동인 칼디는 염소를 돌보다가 일부 염소떼들이 사라진 것을 발견하고는 염소를 찾아나섰다. 이윽고 염소를 찾아낸 칼디는 염소들이 붉은 열매를 따먹는 것을 보았고, 이 염소들을 다시 몰아서 우리에 넣었다. 그런데 밤이 되어도 이 염소들이 잠을 이루지 못하고 계속 흥분해 활동하는 모습을 보고 의아하게 생각하여 그 붉은 열매를 채취하였다.

이를 당시 이슬람 문화권의 정신적 지도자인 수도승들에게 가져다 주었고, 수도승들은 이를 불길한 음료로 여겨 불에 태우고자 하였다. 불을 접한 붉은 열매는 좋은 향미를 발하기 시작하였고 이에 취한 수도승들은 붉은 열매를 음용하기에 이르렀다. 그 붉은 열매의 정체는 커피콩이었다.

그동안 수도승들은 항상 밤에 기도를 하면서 피곤과 졸음에 시달리곤 하였다. 하지만 커피를 마시기 시작하자 이전보다 활기차게 맑은 정신으로 기도에 임할 수 있었다. 이에 커피를 주변 수도승들에게도 알렸고 피곤을 덜어내기 위해 직접 이 붉은 열매를 채취하여 달여서 마시기 시작하였다.

칼디가 발견한 붉은 열매인 커피는 맑은 정신으로 기도에 전념하기 위한 목적으로 이슬람 수도승들에게 빠르게 전파되어 나가 비로소 커피음료가 탄생하게 되었다.

오마르의 전설

칼디의 전설 다음으로 유명한 것으로 오마르의 전설을 꼽을 수 있다.

예멘의 모카에는 세이크 오마르(Sheikh Omar)라는 유명한 승려가 살고 있었다. 그는 영험한 능력이 있어 많은 환자들을 기도로 치료하였다. 그의 유명세가 널리 퍼지자 이를 모함하는 자도 생겨났고, 결국에는 아라비아 지역의 외지로 쫓겨나게 되었다.(공주와의 사랑으로 왕의 노여움을 샀다는 설도 있음)

유배생활을 하던 중 새 한 마리가 붉은 열매를 쪼아 먹은 후 활기차게 날아다니는 것을 보고 자신도 그 붉은 열매를 먹었더니 활기와 기운을 되찾았다고 한다.

그 열매를 가지고 모카로 돌아오니 커피의 약리작용으로 인하여 많은 사람들이 환호하였고, 오마르는 다시금 옛 명성을 되찾고 왕으로부터 인정을 받아 더욱 커피를 사랑하고 이를 음료로 발전시켰다.

오마르의 전설은 그 시점이 불분명하지만 칼디의 전설보다는 늦은 시점에 시작된 것으로 알려져 있다.

그 외에도 커피의 시작에 대한 많은 전설이 존재하나 중요한 것은 커피의 발견 당시 모두들 이 커피의 각성효과에 주목하였다는 것이다. 당시의 이슬람 문화의 시공간적 배경에서 맑은 정신에 대한 요구는 커피음료를 인류의 가치 있는 음료로 받아들이는 데 가장 크게 공헌하였다.

2) 중세의 커피와 커피의 어원

지금으로부터 천 년 전, 에티오피아 지역의 이슬람 수도승을 시작으로 커피문화가 시작되었다는 것은 비교적 정설로 전해져 오고 있다. 아프리카에서 시작된 커피는 좁고 긴 홍해와 아덴만을 건너 아라비아반도의 남쪽에 위치한 예멘(Yemen)으로 13세기경부터 넘어오기 시작하였다.

당시 같은 이슬람 문화권인 에티오피아 지역과 아라비아반도는 많은 교류가 있었다. 정치적으로 통일되고 알라의 가르침인 이슬람교가 확립된 아라비아반도의 중심지는 남서부의 예멘 지역이었다.

아라비아반도로 커피가 전파되던 것은 14, 15세기에 절정을 이루었으며, 에티오피아를 방문한 무슬림 순례자들은 오랜 여행길의 피로를 극복하기 위해 지속적으로 커피를 음용하며 본국으로 커피를 가져다 날랐다. 우리가 현재 커피를 볶아서 갈아 물로 추출하는 음용법이 시작된 것도 예멘의 순례자들로부터 기인한다.

커피나무의 경작 역시 순례자들이 에티오피아에서 씨앗을 가져와 예멘 지역에서 최초로 경작하였다.

예멘의 커피는 당시 지역사회에서 너무도 귀히 여겨 씨앗이나 나무를 다른 지역으로 송출하는 것을 엄격히 금지했다. 커피를 송출할 때마다 검사를 엄격하게 하였으며, 심지어 커피 생두는 살짝 열을 가해 절대로 다른 지역에서는 발아가 안 되게끔 하여 송출했다는 이야기가 있을 정도이다.

예멘의 모카(Mocha)항은 커피무역의 가장 중요한 항구였다. 심지어는 모카 지역에서 만든 커피를 따로 이름 지어 모카커피라 불렀으며, 이는 현재 이 항구도시의 이름을 딴 커피메뉴(모카커피)가 나오기까지 이르렀다.

커피라는 말의 기원 역시 고대 아랍어인 카와(Qahwah 또는 Khawah)에서 유래했다. 이는 와인(Wine)을 뜻하는 말로 이슬람 문화권에서 커피는 와인이나 다를 바 없는 음료였다.

이슬람의 율법은 술을 엄하게 금지하고 있다. 그래서 술을 대체할 수 있고 일상에서 오는 스트레스나 피로를 극복할 수 있는 커피음료는 이슬람 문화권에서는 가장 적합한 음료라 할 수 있었을 것이다.

커피의 어원에 대한 다른 설로는 에티오피아어인 카파(Kaffa)가 있다. 에티오피아어로 카파는 커피가 생산되는 지역의 이름인 동시에 힘(Power)을 의미하기도 한다.

커피의 전파는 에티오피아의 영향보다는 이슬람 무역권의 교역에 의한 것이기에 어원 측면에서는 에티오피아어인 '카파'보다는 아랍어인 '카와'에 더 힘이 실린다.

이슬람의 전파와 함께 주요도시로 빠르게 전파되어 나가던 커피는 아라비아 전역에서 환영을 받았다. 수도승들은 사원에서 커피를 마셨으며, 최초의 커피숍이라 할 수 있는 카베카네(Kaveh kane)가 생겨났다. 카베(Kaveh)는 아랍어 카와(Qahwah)에서 건너온 터키 커피의 어원이다.

커피하우스는 15세기 당시 강성한 문화를 이루었던 페르시아에까지 유행하게 되었고 많은 사람들이 커피하우스에서 토론이나 대화를 나누었다. 커피하우스 운영자는 정치적 토론의 장을 열거나, 뛰어난 화술을 지닌 자를 이야기꾼으로 고용하여 상업화를 꾀하기도 하였다.

이렇게 중세의 커피 문화는 강성한 이슬람 문화를 뒤에 업고 많은 사람들의 피곤한 삶의 무게를 덜어주는 데 일조해 왔다.

3) 근세(16세기)의 커피

16세기에 들어서는 당시 최대 강국인 오스만제국이 아랍지역을 석권하면서 커피가 터키로 전파되었다.

오스만제국의 수도인 콘스탄티노플(지금의 터키 이스탄불)에 터키 최초의 커피숍 카베카네를 열면서 오스만 튀르크 왕국의 커피문화가 장을 열었다.

그러나 커피하우스에서는 커피음료를 마시는 것 이외에 사람이 모임으로 해서 생겨나는 여러 가지 병폐가 발생하기 시작했다. 때로는 이 이슬람의 와인을 마신 손님들은 과격한 언쟁이나 심지어는 정부에 대한 불만의 목소리를 내기도 하였다. 이 외에도 음유시인, 댄서 등이 고용되며 심지어는 매춘, 도박 등이 병행되기까지 하였다.

따라서 터키 무라드 정권의 와지르(재상)인 케르베이 총독은 1630년에 커피를 불법으로 규정하고 모든 카베카네에 대한 폐쇄령을 내렸다. 게다가 커피를 몰래 마시는 자는 사형에 이르는 엄한 형벌로 다스리며 코란의 이름으로 이를 합법화하였다.

그러나 이러한 폐쇄령이 시민들의 커피 음용을 막을 수는 없었고 결국 곧 철회되고 말았다.

4) 근세(17세기) 이후 유럽대륙의 커피

17세기 초반에 들어서는 커피가 본격적으로 유럽대륙으로 전파되기에 이르렀다.

당시 이슬람권과 무역을 활발하게 진행하던 이탈리아 베니스의 상인들로부터 시작되었는데, 이러한 기원은 현대 커피문화의 시초를 이탈리아에 두는 연유가 된다.

처음에는 의약품으로 인정하여 약재로 쓰였는데 일반 시민들이 커피를 맛본 이후로 유럽사회에 빠르게 전파되었다.

이탈리아 베니스의 산마르코광장에 위치한 카페 플로리안(Caffe Florian)은 1720년에 문을 열어 현존하는 가장 오래된 카페[프랑스 파리의 르프로코프(Le Procope)라는 견해도 있음]이기도 하다. 18, 19세기에 들어 이탈리아의 많은 도시에 카페가 들어서며 생활 속에서 커피문화가 꽃을 피웠다.

그러나 기독교 문화권인 유럽에서 이슬람 문화인 커피가 처음 받아들여지는 과정이 순탄하지만은 않았다.

아라비아반도에서 유럽 기독교 문화권으로 넘어온 커피는 처음에는 "이교도의 음료"라는 종교적 이유로 배척되었다. 커피의 각성효과는 종교적 대립 상황에서 충분히 악마의 유혹으로 불릴 만도

하였다.

그러나 이교도인 이슬람권에서 마시는 악마의 음료로 종교재판까지 올라간 커피는 커피 애호가였던 바티칸의 교황 클레멘테 8세(Pope Clenente VIII)에게 공식적으로 사면을 받고 이후 유럽 기독교 세계에 널리 퍼지게 되었다.

또 한 번의 박해로는 근대 시민의식의 태동기인 17세기에 커피를 마시기 위해 사람들이 모여 담소를 나누게 되면 왕권에 저항하게 된다는 정치적 이유로 다시 금기시되기에 이르렀다.

카페에서 지식인들이 벌이던 토론이 정치논쟁으로 곧잘 변질되자 영국은 1675년 런던의 모든 커피하우스를 폐쇄하였다. 그러나 이러한 정책적 제재는 많은 지식인들의 반감을 불러왔고 오히려 왕권약화를 촉발하는 계기가 되어 오래가지 못하고 정책이 취소되었다.

그 후 커피하우스는 더욱 성행하여 1700년대 초에는 런던에만 2,000개 이상의 커피하우스가 문을 열었다.

프러시아(현재의 독일)에서도 이방인의 음료가 자국의 전통 음료인 맥주를 위협할 정도로 성장하자 커피금지령을 발표하기도 하였으나, 오히려 밀거래만 늘어나고 세금도 받을 수 없게 되자 역시 다시 철회하였다.

사회적 지위 고하를 막론하고 자유롭게 토론하고 대화하며 소통하는 근세의 민주적 분위기는 커피와 함께 현대 민주주의의 싹을 틔어나갔다.

초기의 커피하우스는 귀족 남성이 주류였으나 시민의식의 성장과 함께 사회 비주류층 또한 커피에 대한 욕구가 날로 증가되었다.

독일의 작곡가 바흐(Johann Sebastian Bach)의 그 유명한 커피칸타타(Coffee Cantata)는 커피를 마시고자 하는 딸을 못마땅해 하는 아버지(Schlendrian)와 커피를 마시게 해주는 신랑을 찾아 나서겠다는 딸(Lieschen)의 이야기를 담은 곡이다.

영국에는 페니유니버시티(Penny University)라는 강연도 성행하여 커피 한 잔 값인 1페니만 지불하면 일반 대중들도 철학이나 과학, 수학 등의 고급 학문을 커피하우스에서 접할 수 있었다.

프랑스 역시 계몽주의의 영향을 받아 문학 카페가 성행하였고, 커피하우스는 점차 사회 주류층에서 소설가, 문학가, 예술가 등 중산층 이하의 사람들이 함께하고 오랜 시간을 보낼 수 있는 곳으로 자리매김해 나갔다.

5) 18세기 이후 신대륙의 커피

신대륙의 발견과 함께 찾아온 미국의 독립은 커피 소비문화의 패턴을 바꾸었다.

당시 인도를 위시한 대부분의 식민지에서 차를 생산하던 영국은 경쟁국인 네덜란드 등에 비하여 커피 생산력이 현저히 낮았고 자연스럽게 차에 대한 관심의 비중이 높았다.

1720년에 신대륙으로 전파된 커피나무는 중미의 프랑스나 스페인 식민지에서 급격히 퍼져나갔고 커피농장의 노예들이 흘린 땀의 무게만큼이나 커피 생산성 또한 급속도로 높아졌다.

이에 미국은 차에 독점권을 가지고 관세를 부과하는 영국에 대한 반발로 독립의 상징인 커피를 선택하며 역시 빠르게 수요를 늘려나갔다.

우리가 가장 즐겨 음용하는 아메리카노는 에스프레소로 추출된 진한 커피에 물을 부어 마시는 것으로 미국인의 캐주얼한 성향과 잘 맞아 가장 보편적인 커피음료로 자리매김하였다.

미국은 2022년 현재 160만 톤의 커피를 소비하며 전 세계 커피소비량의 15% 이상을 소비하는 부동의 최대 소비국으로 위치를 확고히 하고 있다.

국제커피협회에 따르면 현재 전 세계 40개국에서 900만 톤 이상(2021년 통계 기준 9,980,760톤)의 커피가 생산되고 있으며 이는 대륙과 문화를 막론하고 지구촌 모든 곳에서 소비가 이루어지고 있다.

6) 한국의 커피

최초의 한국 커피는 1896년 고종 황제가 아관파천 당시 러시아 공사관에서 마신 커피라는 게 정설로 전해져 왔다. 그리고 대중들은 1902년 초대 러시아 공사인 베베르(Carl Ivanovich Waeber)와 친척 관계인 독일인 여성 손탁(Antoinette Sontag)을 통해 접하게 되었다고 알려져 있었다. 베베르와 함께 한국을 찾은 미스 손탁은 고종으로부터 정동에 있는 한 가옥을 하사받아 외국인 모임장소로 사용하였다. 그러다가 1902년에 2층의 서양식 건물을 새로 짓고 그 안에 정동구락부라는 이른바 커피숍을 만들었다.

그러나 구한말 선각자이자 최초의 미국 유학생이었던 유길준의 『서유견문』에는 1890년경 커피가 중국을 통해 조선에 소개되었다는 기록이 있으며, 선교사 알렌을 비롯한 개화기에 활동한 서양 학자들의 저서에 조선에서 커피를 대접받았음이 기록되어 있다. 선교사 아펜젤러의 선교단 보고서에 1888년 인천의 서양식 호텔인 다이부츠호텔(대불호텔)에서 일반인에게 커피가 판매되었다는 기록도 있다. 이것들은 모두 고종 황제의 아관파천보다도 앞서는 시점이다.

과거에는 최초의 커피판매점으로 손탁호텔이 거론되었으나 대불호텔의 존재가 알려지며 최초라는 이름을 쓰기는 어려워졌다. 그러나 두 호텔 모두 커피 판매에 대한 공식적인 기록은 없다.

커피의 명칭도 당시에는 한자음을 따온 "가배" 또는 "가비"로 불리거나 서양에서 온 음료라는 뜻의 "양탕국"이라 불기기도 했다.

최초의 커피 음용자로 알려졌던 고종 황제는 최초의 커피 애호가라는 말이 더 알맞다.

여튼 우리나라에 커피가 선보인 것은 개화기인 1890년을 전후한 시점이고, 당시에 이 커피는 서구화의 상징이자 사교의 중요한 수단이었다.

우리나라 다방문화의 효시는 일본의 찻집에서 유래를 찾는다. 개화기 서울의 중심가였던 진고개에 일본인이 운영하던 깃사댄(喫茶店, Kissaten)은 커피문화를 우리사회에 소개하기 시작했다.

처음에 원두 커피를 즐겨마시던 한국 사회는 남한만의 단독정부 수립 후 미군정에 이끌리고 연이은 6.25전쟁의 발발로 인해 미군의 사회 영향력이 커지면서 그들의 인스턴트 커피에 주목하게 되었다.

어려운 시대상에서 서양문화에 대한 사대주의적 경향과 간편하다는 장점으로 미군들이 즐겨 마시던 인스턴트 커피는 선망의 대상이었고, 미군 부대를 통해 흘러나오는 인스턴트 커피는 주요 시장 거래품목이 되기도 하였다. 게다가 당시에는 커피가 수입 금지 품목이었기에 미군 부대를 통해 흘러나온 암거래 품목이 주요 공급품이었다.

1968년부터 공식적으로 커피가 수입되었으나 관세가 높아 가격이 비싸서 호텔 등지에서만 제공되는 고급 음료였으며, 귀한 손님에게 대접하거나 귀한 분께 드리는 선물의 대명사였다.

당시의 보건사회부 통계에 따르면 연간 약 500톤의 커피가 소비되었다.

국내기업인 동서식품은 1970년부터 인스턴트 커피를 자체 생산하기 시작하였고, 커피의 보급에 획기적인 역할을 하기 시작했다. 또한 1976년에는 세계 최초로 커피믹스(커피, 크림, 설탕 혼합)를 개발해 국민 음료로서의 길을 열었다.

오랜 기간 인스턴트 커피가 이끌었던 한국의 커피 시장은 국민소득이 높아지고 생활의 여유가 생기면서 고급 커피에 대한 수요가 생겨났으며 현재에는 다양한 메뉴가 개발되고 많은 전문기술인의 양성과 함께 시장 또한 그 규모가 커져 20만 톤의 커피를 수입하여 20조 원이 넘는 시장(2021년 기준)이 형성되어 있다.

2 커피 유관 직업군

1) 커피프로듀서(Coffee Produce)

커피 산지의 농민이 수확한 커피는 여타 과일들처럼 그대로 소비자의 식탁에 올라오지는 않는다. 여러 기술적 공정이 필요하며, 이에 따라 커피의 품질과 가격이 결정되기도 한다.

이 역할을 맡은 업종이 바로 커피 농민과는 구분되는 커피프로듀서이다. 커피프로듀서의 역할은 농민이나 커피농장으로부터 커피체리 또는 파치먼트를 수매한 다음부터 시작되기에 커피프로세서(Coffee Processor)로 대변되기도 한다.

커피 생산 국가의 대부분이 저개발 저소득 국가이다 보니 어느 정도 자본집약과 기술이 필요한 커피프로세싱 분야는 농민을 떠나 전문가 집단의 손을 거치기도 한다.

커피프로듀서는 커피산지에서 공장의 형태를 띠며 펄핑, 건조, 훌링 등에 학문적 또는 경험적 지식을 갖고 있는 각국의 커피전문가들이 활동하고 있다.

생산기술자는 단기간의 커피산지 방문이 아니라 기본적으로 커피철에는 커피 생산지에서 지내야 한다. 그래서 일반적으로 커피소비국의 전문인이 접근하기에는 여러 가지 장벽이 있다.

필요한 자질로는 기본적으로 해당국에서 활동할 수 있는 언어적 기반이 확립되어 있어야 한다. 또한 외국생활을 감내할 수 있는 내성과 현지화 등도 중요한 요소이다.

커피 생산자의 경우는 생산관련 기술은 물론이거니와 자신의 커피를 상품성 있게 평가할 수 있는 로스팅과 커핑능력까지 커버하는 커피의 모든 기술이 요구된다.

한국은 생산기술의 축적이 턱없이 모자란 나라이다. 이제 우리나라도 연간 커피소비량 1억kg 시대에 살면서 소비뿐만 아니라 생산에 관여하여 관련 기술을 축적해 나가는 것에도 관심을 기울여 나가야 할 것이다.

2) 커피헌터(Coffee Hunter)

방송 등을 통해 많이 익숙한 커피헌터(Coffee Hunter)라는 직업은 실제로 국제적으로는 결국 커피 바이어(Coffee Buyer)로 통용된다. 커피 생산 현지로 날아가서 품질을 평가하고 생산과정을 확인하며 본인의 선택으로 시장성과 가능성을 점쳐서 한국으로 수입해 오는 것이 주된 업무이다.

커피프로듀서와의 가장 큰 차이점은 헌터의 경우, 이미 생산이 완료된 커피를 평가하고 이를 취할 것이냐 말 것이냐만을 선택한다는 것이다.

물론 규모가 큰 커피헌터는 생산과정에 본인의 영향력을 발휘하기도 하지만 근본적으로는 커피 생산자는 자기 책임하에 모든 공정을 마무리하고 그 결과물에 책임을 져야 하나, 커피헌터의 경우는 선택의 문제에만 직면하고, 또한 자신의 선택에 대한 책임만을 지는 것으로 차이가 있다.

대한민국은 커피 생두를 생산하지 않는 나라이기에 프로듀서보다는 바이어인 커피헌터로 활동하는 것이 더욱 용이하다.

커피프로듀서와는 달리 커피헌터의 경우 언어적 요소는 상대적으로 중요성이 덜하다. 그리고 커피산지 체류기간이 길지는 않기에 해외활동이 부담스러운 사람도 가능한 활동영역이다.

커피헌터에게 요구되는 가장 큰 커피관련 스킬은 커핑(Cupping, 커피 맛의 평가) 능력이다. 정확하지 못한 판단은 결국 본인의 수익 저하 또는 손실로 귀결되며 잘못 들어온 한 컨테이너는 수천만 원에서 수억 원까지의 손실로 귀결된다. 커피 생산자는 최대한 원가 코스트를 낮추어야만 하는 직업적 사명이 있지만 커피헌터는 정당한 가격을 지불하고 커피를 가져가면 된다.

적정한 품질을 평가하여 선택하고, 이에 합당한 정당한 가격을 지불하는 것이 바로 커피헌터의 핵심이다.

3) 로스터(Roaster)

커피의 원재료는 커피나무로부터 수확한 열매의 씨앗인 누렇고 푸른빛이 감도는 커피 생두(Green Bean)이고, 이를 강한 화력으로 익히며 요리해 내는 과정이 바로 커피로스팅이다.

커피 프로듀서가 구현하여 커피 생두 내에 잠재되어 있는 고유의 향미를 열로 조리하여 끄집어 내는 것이 바로 이 로스터의 역할이다.

실질적으로 커피 생두를 열로 조리하는 과정이 바로 이 로스팅 과정이며 로스터는 바리스타를 위한 커피의 요리사라 할 수 있는 신흥 직업군이다.

커피나무 열매의 단단한 씨앗은 수용성이 아니다. 그렇기에 최소 200도 이상의 온도로 가열하여 부피도 2배가량 부풀려지고, 12% 정도 가지고 있던 수분도 2% 미만으로 줄어들면 그제야 비로소 커피그라인더로 분쇄가 돼 물로 추출할 수 있는 밀도의 바삭한 검은 커피원두가 된다.

이때 화력을 어떻게 제어하고, 뜨거운 공기가 흐르는 배기를 어떻게 제어하고, 어느 수준까지 배전도를 높이는가 등의 기술이 바로 커피를 요리하고 맛을 제어하는 일련의 과정이다.

로스터의 기술적 능력은 오감을 동원해 커피콩이 익어가며 내는 소리, 색, 향기 등의 반응을 주의깊게 주시하며 커피콩을 이해하고 적절히 조치하여 원하는 맛을 연출하는 것이다.

또한 로스터는 대류열, 전도열, 복사열 등 열의 특성에 대해 숙지하고, 이를 자신의 로스터기의 특징과 커피콩의 특성과 결합하여 적절한 종류별 열량을 커피로스터기를 통해 커피에 전달해 익혀나가며 기대되는 커피 맛을 창출해 나간다.

신흥 직업군인 이 커피 로스팅 분야는 최근 십수 년간의 급격한 성장으로 인하여 많은 교육기관이 생겨났으나 SCAE(Specialty Coffee Association of Europe) 등의 유명 해외 커피 유관기관도 아직은 모두 민간자격에 불과하고 공신력을 갖추고 있지는 않다.

로스터는 크게 두 가지 부류로 나눌 수 있다.

한 부류는 공장형 로스터로 식품제조업 인가가 난 커피원두 제조 공장에서 일을 하는 경우이고, 하나는 카페형 로스터로 일반 로스터리 카페에서 일을 하는 경우이다. 기본적으로 공장형 로스터는 일의 강도는 더 고되지만 로스팅 기술의 연마에는 유리하다. 카페형 로스터는 근무환경 측면에서도 더 낫고, 로스팅 이외에 바리스타 영역인 음료추출에 대한 기술도 연마해 나갈 수 있지만 아무래도 전문성은 공장형 로스터에 비해 현저히 떨어진다.

전문직으로서의 로스터는 로스팅 능력 이외에도 자신이 로스팅한 커피를 정확히 평가할 수 있는 커핑(Cupping) 능력과 소비자에게 어떠한 맛으로 전달될 것인가를 가늠할 수 있는 바리스타의 추출 능력도 같이 필요하다.

4) 커퍼(Cupper)

로스팅된 커피원두의 품질을 평가하는 직업군이 커퍼(Cupper)이다.

커피의 맛을 평가하는 행동을 컵(Cup : 동사로 사용)이라 하며, 이 행위 자체를 커핑(Cupping : 명사로 사용)이라 하고, 커핑을 전문적으로 하는 사람을 커퍼라 이른다.

수많은 종류와 가공법이 있는 커피의 향미를 정확히 감정하기 위해서는 냄새를 맡고 맛을 보는 감각기관의 숙련된 센서리가 필요하다. 그렇지만 최우선으로는 커피의 향미에 대한 전문지식을 갖추어, 자신이 평가한 커피를 객관적으로 설명하고 도식화하여 자료를 축적하고 공유할 수 있도록 하는 것이 중요하다.

커퍼는 한 잔의 컵을 반복하여 테이스팅한다. 그리고 많은 경험을 통해 숙련을 꾀하고 학습을 통해 이를 체계화한다. 그리고 이 경험적 가치와 접목시키는 일련의 과정을 통해 주관적일 수밖에 없는 커피의 향미를 객관화하고 이를 하나의 정보로서의 가치를 부여한다.

현재 커퍼로서 활동하기 위하여는 커피와 관련된 다른 업종과 마찬가지로 특별한 자격요건이 필요하지는 않다.

다만 가장 인정받는 커피 관련기관 중 하나인 CQI(Coffee Quality Institute)에서 주관하는 국제커피감정사라고 하는 큐그레이더(Q-grader)가 있다. CQI에서는 커피종의 하나인 로부스타를 평가하는 감정사를 큐그레이더와 별도로 구분하여 알그레이더(R-grader)로 칭한다. 그러나 이의 수요가 그리 많지는 않다.

현실적으로 자격보다도 많은 현장경험이 필요한 업종이며 아직은 활동영역이 제한적이다.

해외에서는 전문 커퍼가 커피 퀄리티 매니저로 활동하는 모습을 자주 접하지만 우리나라에서는 독립적인 전문 커퍼보다는 바리스타나 로스터가 커퍼의 역할을 겸하고 있다.

5) 바리스타

바리스타(Barista)의 어원은 바(Bar)에서 일하는 사람이란 뜻에서 비롯되었다.

치열한 커피산업의 최전방에 위치하여 소비자와 직접 대면하는 그 접점에서 커피 전도사의 역할을 수행하기도 하는 바리스타는 커피산업의 꽃이라 일컬어지고 있다.

음료 한 잔이 최종적으로 수요자에게 전달되는 마지막 정점에서 그 역할을 수행하며 최종결과물에 1차적 책임을 지는 것은 말할 것도 없거니와 수요자의 니즈(Needs)와 요구를 직접적으로 전달받기도 한다. 한 잔의 커피를 만들기 위해 거쳐간 많은 전문가들의 결과물에 마지막 순간을 완성해주는 마침표 같은 존재인 것이다.

이러한 중요성 때문에 로스터나 커퍼가 바리스타의 역할을 겸하며 음료에 대한 최종완성도를 높이기도 하나, 로스터나 커퍼와는 별개로 바리스타는 독립된 직업군으로 존재한다.

에스프레소 머신의 사용 이외에도 다양한 추출법을 습득해야 하며, 더 나아가서는 커피 전반에 걸쳐 전문지식을 습득하여 직접 향미를 재창조해내는 것까지도 요구되고 있다.

사실 유능한 바리스타에게 있어서 선결되는 조건은 좋은 원두를 선택하는 능력이다. 원두는 이미 바리스타의 영역이 아닌, 생두프로듀서나 로스터의 영역에서 이미 맛이 결정되어 버린다.

그러나 훌륭한 바리스타는 커피산지의 특성이나 생두의 속성에 대한 지식을 숙지하고, 해당 원두의 로스팅 과정에 대한 이해도를 바탕으로 커피 원두가 가진 본연의 맛을 훌륭히 이끌어 내거나, 본인의 능력으로 맛을 재창조하기에 이른다.

바리스타로서의 직업의 세계는 진입장벽이 낮은 대신 초기엔 고된 업무와 낮은 임금으로 정평이 나있다. 때문에 경쟁력을 갖추기도 전에 이직이 흔하고 고도의 전문성을 갖추어 나가는 경우는 흔치 않다. 그러나 스스로 전문지식과 경험적 가치, 그리고 타인과 구별되는 창의력으로 무장해 나간다면 분명 경쟁력 있는 직종이라 할 수 있다.

스스로의 몸값을 높이는 바리스타를 보면 추출에만 국한하지 않고 원두 자체에도 집중하여 지식과 경험을 넓혀나가고 있다. 심지어는 원두의 단계를 넘어 생두의 선별까지 관여하는 바리스타대회 수상자들도 나오고 있다.

커피에 대한 폭넓은 지식과 관심은 한정된 업무영역으로 비추어지는 바리스타의 성장의 밑거름이 될 것이며, 부단한 자기발전은 커피공화국의 주역으로 우뚝 설 수 있는 유일한 길이 될 것이다.

바리스타를 위한
커피교과서

Coffee

II

커피의 종류

커피의 종류

커피의 종

1) 식물학적 관점의 커피

커피는 식물분류상 코페아속 꼭두서니과에 들어가는 쌍떡잎식물이다.
커피나무는 다음과 같은 린네의 분류체계와 학명을 가진다.

<table>
<tr><td>계(界)</td><td>Kingdom</td><td colspan="2">식물계(Plantae)</td></tr>
<tr><td>문(門)</td><td>Division</td><td colspan="2">피자식물문(Angiospermae)</td></tr>
<tr><td>강(綱)</td><td>Class</td><td colspan="2">쌍떡잎식물(Dicotyledoneae)</td></tr>
<tr><td>목(目)</td><td>Order</td><td colspan="2">용담(Gentianales)</td></tr>
<tr><td>과(科)</td><td>Family</td><td colspan="2">꼭두서니과(Rubiaceae)</td></tr>
<tr><td>속(屬)</td><td>Genus</td><td colspan="2">코페아(Coffea)</td></tr>
<tr><td>종(種)</td><td>Species</td><td colspan="2">아라비카(Arabica)
카네포라(Canephora)
리베리카(Liberica)</td></tr>
<tr><td>품종(品種)</td><td>Variety</td><td>아라비카(Arabica)</td><td>티피카(Typica), 버번(Bourbon),
마라고지페(Maragogype), 켄트(Kent),
문도노보(Mundo Novo), 파카스(Pacas),
카투아이(Catuai), 카투라(Catura),
카티모르(Catimor), 파카마라(Pacamara)
H.D.T.(Hibrido de Timor),
아라부스타(Arabusta), SL34, SL28</td></tr>
</table>

		카네포라(Canephora)	로부스타(Robusta), 코닐론(Conilon)
		리베리카(Liberica)	리베리카(Liberica)

최초 식물계에서 시작하여 단일 계보로 피자식물문, 쌍떡잎식물강, 용담목, 꼭두서니과, 코페아속으로 분류된다.

특히 꼭두서니과의 식물들은 카페인을 포함한 알칼로이드를 함유하고 있는 식물이 많은 것이 특징이다. 그중 코페아속만을 커피라 칭한다.

코페아속에는 다양한 종(Species)이 존재한다. 약 40여 개의 종이 존재하나 모두 학명만을 유지하고 있을 뿐이고 실제적으로는 3대 원종이라고 하는 코페아 아라비카(Coffea Afrabica), 코페아 카네포라(Coffea Canephora), 코페아 리베리카(Coffea Liberica)만이 생산되고 있다.

오늘날 리베리카종은 재배는 어렵고 품질은 떨어지기에 거의 생산이 이루어지지 않아 아라비카와 카네포라 두 개의 종만이 상업적 커피의 99.9%를 차지하고 있다.

아라비카는 전체 커피 생산량의 60% 이상을 차지하며 고품질의 커피로 평가되고 있어 다양한 품종을 개발하고 있다. 또한 자연적 교배종과 돌연변이종도 계속 탄생하고 있어 많은 변형 품종이 생겨나고 있다.

그중 대표적 품종으로는 티피카(Typica), 버번(Bourbon), 카투라(Catura), 카티모르(Catimor) 등이 있다.

카네포라의 가장 대표적 품종이 로부스타(Robusta)이다. 카네포라는 대부분 로부스타이기에 카네포라와 로부스타는 같은 말로 쓰이기도 하며 로부스타의 대중성 때문에 오히려 카네포라라는 이름 대신 로부스타라는 이름으로 시장에서는 더 널리 쓰이고 있다.

로부스타는 주로 저가형 커피로 평가되고 있어 변형 품종이나 품종 개량이 많이 이루어지고 있지는 않다.

2) 3대 원종

코페아 아라비카(Coffea Arabica)

아라비카종은 최초로 에티오피아의 서남부 고원지대(아비시니 고원)에서 발견되었으며 또한 최초로 경작된 커피이기도 하다. 발견 시기는 커피의 역사와 때를 같이한다.

로부스타와 비교하여 향미가 우수하며 다양하고도 복잡한 맛의 체계가 있어 로부스타보다는 상급의 품질로 시장에 인식되고 있다. 또한 카페인의 함량은 로부스타의 절반밖에 되지 않는다.

해발 최소 700m 이상에서 3,000m에 이르는 고지대에서 자라나며 주로 해발 1,500m 고도에서 많이 생산된다. 로부스타보다 병충해에 더 취약하며 일시적 저온이나 직사광선, 폭우 등에도 쉽게 피해를 입어 재배조건이 까다롭다.

커피나무는 로부스타보다 평균키가 크며 잎새는 더 얇다. 잎새는 얇은 반면 뿌리가 깊게 뻗어내리기 때문에 로부스타와 비교하여 가뭄에 강한 면도 있다.

생두의 모양은 각이 지고 길쭉한 타원형이며 한쪽 면은 편평한 형태이다. 생두 가운데의 센터컷이 S자 형태로 휘었으며 색상은 주로 초록색을 띤다.

대체로 시장의 기호에 맞아 점차로 로부스타 대비 아라비카의 생산비중이 늘어나고 있는 추세이다.

코페아 아라비카는 2020년 기준 6,315,720톤(전 세계 생산량 10,520,820톤의 60%) 생산되어 시장경제에 맞추어 움직이고 있다.

맛에 관한 가장 큰 특징은 산미와 향이 뛰어나다는 것이며, 로부스타보다 바디감은 떨어진다.

다양한 맛에 대한 프로파일링을 구현할 수 있어 많은 농장에서 선호되고 있으며 주된 생산방법은 주로 워시드(Washed) 공법에 의존하고 있다.

주요 생산지로는 아프리카의 여러 국가들과 남태평양의 국가들, 그리고 중남미 국가들로 대부분의 커피 생산국들이 아라비카 생산을 선호한다.

아라비카 나무

아라비카 열매

아라비카 군락

코페아 카네포라(Coffea Canephora)

카네포라종은 로부스타종으로 대변된다.

로부스타종은 아프리카 콩고에서 처음으로 발견되었다. 발견시점도 커피가 인류의 생활 속에 이미 깊숙이 들어와서 대체품을 찾아나서던 19세기경이다.

주로 해발고도가 낮은(1,000m 이하) 고온다습한 지대에서 많이 자란다. 게다가 아라비카에 비하여 병충해에 대한 내성이 강해 과거 커피재배에 부적합했던 지역에서도 잘 자라는 특성이 있다.

과거 커피관련 녹병이 전 세계를 휩쓸고 간 직후에는 한때 아라비카를 대체할 수 있는 커피로 평가받기도 하였으나 맛이 단조롭고 강한 쓴맛이 있어 주로 인스턴트 커피의 원재료로 많이 쓰인다.

카페인 함량이 아라비카의 두 배에 이르며, 아라비카보다는 여러 가지 항산화 물질들이 많이 들어 있다.

맛의 대표적인 특징으로는 신맛이 거의 없으며 바디감이 뛰어나고, 강배전 시 쓴맛이 강하게 나며, 추출수율이 좋다. 향은 다채롭지 않아서 아라비카에 비해 현저하게 떨어진다.

한국인이 선호하는 인스턴트 커피의 구수한 맛도 로부스타의 기본적 맛에 기인한다.

커피나무는 주로 아라비카보다 작으며 잎새는 두툼하다.

원두의 모양은 둥글고 뭉툭한 형상을 띠며 주로 생산공정에서 폴리싱(Polishing)을 하기에 윤기가 나기도 한다. 센터컷은 1자로 갈라져 있다.

생산방식은 주로 생산비용을 절감할 수 있는 내추럴(Natural) 공법을 사용하고 있다.

가격이 아라비카 대비 현저히 저렴하여 농장에서는 재배환경이 허락하는 한 채산성이 좋은 아라비카를 재배하려고 하여 점차로 로부스타의 생산비중이 줄어드는 추세이다.

2020년 기준 4,205,160톤을 생산하였다.

주요 생산지로 베트남, 인도네시아, 인도, 브라질이 있다.

그중 베트남은 세계 최대의 로부스타 수출국으로 전 세계 로부스타의 40% 이상을 담당한다. 다음으로 브라질(25%)과 인도네시아(15%)가 뒤따르고 있다.

로부스타 나무

로부스타 열매

로부스타 군락

코페아 리베리카(Coffea Liberica)

리베리카종은 이름의 유래처럼 서부 아프리카 리베리아를 원산지로 한다.

커피 향미가 다른 두 종에 비하여 현저히 부족한 데다가 과육이 커 실제로 커피 생두를 가공하는 데 실효성이 많이 떨어진다. 게다가 높게 자라는 나무의 특성상 수확도 어려우며 생산성도 떨어져 실제로 경작하는 경우는 거의 없고 자연적으로 자생하는 나무들이 가끔 서아프리카와 동남아시아에서 눈에 띄는 정도이다.

비교적 낮은 고도에서도 잘 자라난다.

생두의 모양새는 로부스타와 비슷하나 좀 더 누런 황색을 띠고 끝이 약간 뾰족하며 돋아나와 있다.

리베리카 나무

리베리카 열매

리베리카 군락

3) 아라비카 vs 로부스타

	아라비카	로부스타
원산지	아프리카 에티오피아	아프리카 콩고
발견시점	1천 년 전	19세기 후반
재배 지역	해발 700m - 2,500m	해발 1,000m 이하
적정 고도	해발 1,200m - 1,500m	해발 500m - 700m
적정 강수량	연간 1,500mm - 3,000mm	연간 2,000mm - 3,000mm
적정 일조량	연간 2,000시간	연간 2,000시간
적정 기온	연평균 15도 - 25도	연평균 20도 - 30도
병충해	취약	강함
1헥타르(ha)당 생산성(재배밀도)	5천 그루	3천 그루

개화 후 체리 성숙기간	짧다(약 9개월)	길다(약 11개월)
잎새 모양	가늘고 길다	평평하고 두툼하다
생두 모양	한쪽 면이 납작한 타원형	두툼한 원형
뿌리 길이	길다	짧다
카페인 함량	1%-1.5%	2%-2.5%
염색체 수	44(4n)	22(2n)
생식방법	자가수분	타가수분
맛의 특성	향미, 신맛, 복합적인 맛	쓴맛, 바디감
주요 생산방식	워시드(Washed)	내추럴(Natural)
주요 생산국	브라질, 콜롬비아, 에티오피아, 코스타리카, 과테말라, 케냐 등	베트남, 브라질, 인도네시아, 인도, 우간다 등
용도	원두 커피	인스턴트 커피
가격대	고가	저가

아라비카 원두(좌)와 생두(우)

로부스타 원두(좌)와 생두(우)

아라비카와 로부스타는 고품질과 저품질, 그리고 고가와 저가로 대변되고 있지만 반드시 일치하는 것은 아니다. 저렴한 브라질 대량생산 아라비카보다 개별 농장에서 잘 선별된 로부스타가 더 비싸게 거래되는 경우도 자주 볼 수 있다.

아라비카와 로부스타의 가장 극명한 차이는 염색체 개수에 있다.

같은 생물이라면 염색체의 수와 유전자 배열이 같아야만 한다. 염색체는 종마다 고유한 모양과 수를 가지고 있으니까 아라비카와 로부스타의 종이 분리되는 것은 당연한 이치이다.

같은 코페아속에서 배수체화 현상(식물의 경우 유전체가 배수로 늘어나 고유한 염색체가 배로 증가하는 현상)이 일어나 오랜 세월 이전에 이미 종의 분화가 이루어진 것이다.

19세기 서구 열강들의 식민정책에 힘입어 커피나 차와 같이 피지배국가에서 생산되는 작물의 소득에 강국의 점수를 매기던 시절, 아프리카에서 발견된 로부스타는 사실 커피로 명명하기에는 여러 가지 사회적 배경이 작용하였다. 천 년 동안 아라비카만을 커피로 여겨오다가 굳이 염색체 수까지 상이한 다른 종의 식물을 뒤늦게 커피라 함은 당시에 우려되었던 커피녹병이나 사회적 커피수요 등도 무시할 수는 없다 하겠다.

4) 아라비카의 여러 품종

아라비카의 다양한 품종들은 다음 세 가지 이유로 탄생된다.

㉠ 자연 교배 ㉡ 돌연변이 ㉢ 인위적 교배

오랜시간을 거쳐오면서 자연적으로 돌연변종이 나오게 되고 이 돌연변종은 교배를 통해 또 다른 품종을 낳기도 한다.

최근에는 커피나무의 생산성을 높이거나, 품질을 높이고자 하는 노력의 일환으로 여러 가지 인위적 교배가 시도되고 있다. 특히 생산성을 높이기 위하여 병충해에 강한 품종을 인위적으로 만들어내기도 하고, 다양하게 변하는 소비자들의 미각을 충족시키기 위해 색다른 맛과 향을 지닌 품종을 내놓기도 한다.

그리고 아라비카와 로부스타의 혼종도 존재한다. 동물의 배수체화 현상은 생존이 불가하지만 식물의 경우는 상관없으며 짝수로 배수체화(커피의 경우는 2배수)가 나올 때에는 생식과 교배도 가능하다.

이 경우 유전적으로 염색체의 개수는 아라비카 유전자를 따라가게 되어 아라비카와 로부스타의 혼종인 품종도 아라비카로 취급한다. 이렇게 되면 아라비카의 향미에 로부스타처럼 병충해에 강하고 재배하기 용이한 품종이 탄생하는 것이다.

❶ 티피카(Typica)

영단어 Typical(전통적인)에서 유래된 티피카종은 가장 원종에 가까운 품종이라 할 수 있다.

품질이나 맛도 뛰어나 많은 농장에서 티피카 재배를 선호하지만 특성상 재배가 까다롭고 환경의 영향을 많이 받는다.

다양하고 풍부한 맛이 있으나 생산성이 낮다. 환경의 영향을 많은 받는 이유로 수확량에 변동이 크고, 보관 시에도 온도나 병충해에 약한 단점도 있다.

아라비카의 여러 품종 중 고가의 가격대를 형성하는 품종이다.

키는 3-4m이며 잎새는 얇고 길쭉한 편이고 꽃잎 역시 얇고 길쭉하다. 나뭇가지는 일자 형태로 곧게 자라며 꽃은 각 마디마다 나란히 핀다. 나무의 모양은 전형적인 아라비카 나무의 형상이며 콩의 모양 역시 약간 각(角)이 진 타원형으로 가장 보편적인 아라비카 콩 모양이다.

바디감보다는 신맛과 단맛 그리고 향미를 특성으로 꼽는다.

대표적인 티피카 품종으로는 자메이카 블루마운틴, 하와이안 코나, 동티모르 에르메라, 파푸아뉴기니 마리와카 블루마운틴 등이 있다.

❷ 버번(Bourbon)

버번종은 프랑스식 발음으로 '부르봉'이라고 불리기도 한다.

티피카종의 돌연변이종으로 티피카보다는 생산성이 좋고 재배에 용이하지만 마찬가지로 다른 품종과 비교하여 생산량은 떨어진다.

나무의 가지가 짧아 둥글고 단단한 체리가 가지의 마디마다 많이 열리는 편이지만 강한 비바람에 낙과가 많은 것으로 유명하다.

티피카보다는 조금 더 둥글게 생겼고 신맛과 단맛이 좋다.

체리가 붉은색을 띠는 레드 버번과 노란색을 띠는 옐로 버번이 있다.

대표적으로 브라질의 옐로 버번이 유명하며 케냐, 탄자니아, 콜롬비아, 엘살바도르, 온두라스, 니카라과, 부룬디 등지에서 재배되고 있다.

❸ 마라고지페(Maragogype)

역시 티피카의 돌연변이종으로 생두의 크기가 매우 커서 코끼리콩으로 불리는 것으로 유명하다.

일반 콩의 두 배가 넘어가는 크기로 외관상 뚜렷하게 구분된다.

생산성이 낮은 데다가 티피카보다 향미가 우수하지 않아 그다지 많이 보급되지는 않았다.

❹ 카투라(Caturra)

카투라 품종은 브라질에서 발견된 버번종의 돌연변이이다. 외관상으로는 버번종과 상당히 유사하다.

재배가 무난하고 버번보다 생산성이 좋아 브라질, 콜롬비아, 과테말라, 코스타리카 등 중남미의 많은 나라에서 재배된다. 이 품종은 생명력이 좋아 다른 대륙으로도 전파되었으며 특히 코스타리카는 카투라종의 특성인 밝은 신맛을 잘 구현하는 것으로 정평이 나있다.

❺ 파카스(Pacas)

버번의 돌연변이종으로 버번보다는 생산성이 약간 향상되었다.

생두 모양도 버번과 유사하나 크기가 약간 더 크다. 반면에 커피나무는 조금 더 작다.

엘살바도르에서 유래되었고 주로 엘살바도르를 비롯한 중미지역에서 재배된다.

❻ 파카마라(Pacamara)

파카마라는 이름처럼 파카스와 마라고지페의 인위적인 교배종이다.

마라고지페의 특성대로 생두의 크기가 크고, 파카스의 특징인 산미와 과일 향이 잘 살아난다.

역시 엘살바도르에서 유래되었고 주로 엘살바도르를 비롯한 중미지역에서 재배된다.

❼ 문도노보(Mundo Novo)

티피카와 버번의 교배종으로 브라질에서 유래하였다.

버번종 중 특히 레드 버번(Red Bourbon)과의 교배종인데 브라질은 레드 버번의 산지로 유명세가 있다. 문도노보는 인위적 교배종이 아닌 자연 교배종으로 브라질에서 주로 자라나고 있다.

티피카와 버번종이 모두 생산성이 좋지 않은지라 문도노보 역시 생산성은 그리 좋지 않다.

처음 발견 당시에는 버번보다 열매가 더 많이 열리고 맛이 티피카와 유사하여 브라질 커피산업계에서는 큰 희망을 걸었었다. 문도노보(Mundo Novo) 이름의 유래도 포르투갈어로 신세계(New World)라는 뜻이다. 그렇지만 생산성이 기대만큼 좋지는 않고 재배에 많은 손길이 가서 브라질 이외의 지역에서 보기는 좀 어렵다.

❽ 카투아이(Catuai)

브라질에서 시작된 카투라와 문도노보의 인공 교배종이다.

문도노보의 단점인 저생산성을 카투라 품종의 무난한 생산성으로 커버하기 위하여 인위적인 교배를 시도했다.

그 결과 카투라처럼 조금 작기는 하나 카투라의 재배 생산성을 물려받고 맛 또한 뒤처지지 않는 품종이 탄생하여 브라질을 비롯한 중남미 전역에서 재배되고 있다.

버번처럼 체리가 노란색인 품종과 붉은색인 품종이 있다.

❾ H.D.T. (Hibrido de Timor)

포르투갈의 점령지였던 티모르섬에서 처음 발견된 아라비카와 로부스타의 자연교배종이다.

이름 또한 당시 지배국이었던 포르투갈어로 명명되었다.

H.D.T.종은 나무가 튼튼하며 뿌리도 강하다. 로부스타처럼 환경에 강하며 특히 커피녹병에 강한 내성이 있다.

1900년대 초반에 H.D.T.가 발견된 당시 식민지배국인 포르투갈은 커피보다도 백단목(Sandal Wood)에 더 주목하였기에 식민국의 커피농장의 개간이나 식재에는 무관심했다. 따라서 현재 티모르섬에서 남아있는 H.D.T.종을 찾아보기는 어렵고, 오히려 원종에 가까운 티피카종이 대부분이다.

현재 다른 지역에도 H.D.T.종이 흔하지는 않고, H.D.T.종의 혼종인 카티모르가 널리 퍼져 그 자리를 대신하고 있다.

H.D.T.종이 티모르섬의 토착 개발종이라든가 주력 생산품이라는 일부의 자료는 이름에서만 유추한 잘못된 자료들이다.

❿ 카티모르(Catimor)

티모르섬의 점령국이었던 포르투갈에서 개발한 인위적 교배종으로 H.D.T.종과 카투라(Caturra)의 교배종이다.

무엇보다도 조밀하게 식재할 수 있고 나무의 높이가 낮아 수확이 쉬우며, 커피녹병에 강해 재배가 용이하다는 큰 특징이 있다.

아시아 지역에 널리 퍼져 베트남, 라오스, 인도네시아, 태국 등지에서 '까띠모'라는 품종으로 불린다.

커피농장이 새로 개척되는 지역에서도 카티모르로 비교적 용이하게 아라비카 나무를 재배할 수 있어 환영받으며, 카티모르에서 파생된 새로운 품종도 개발되고 있다.

많은 양을 수확할 수 있지만 아라비카종에서 상대적으로 저가의 가격대를 형성하며 약간의 발효취나 텁텁한 맛은 조금 부족한 부분으로 남아 있다.

일부 농장에서는 생산성을 위해서 카티모르를 식재하고, 고수익성을 위해서는 티피카를 식재하는 경우도 있다.

⑪ 켄트(Kent)

인도에서 유래된 품종으로 티피카의 돌연변이 품종이다.

질병 저항성이 상당히 우수하고 생산성이 좋다. 아프리카 커피의 생산성을 높이기 위해 켄트종 이식을 시도하였으나 그다지 성공하지는 못하였고 지금은 인도에서조차 거의 재배되지 않는다.

⑫ 아라부스타(Arabusta)

22개(2n)인 로부스타의 염색체를 인위적으로 44개(4n)로 변이시킨 후 이를 아라비카와 교배시킨 품종이다. 이는 아라비카와 로부스타의 장점만을 취합하기 위한 시도로 아라비카의 복합적이면서도 고품격의 향미와 로부스타의 재배 용이성을 결합시키고자 한 대표적인 시도이다.

커피나무의 외형은 로부스타와 비슷하지만 생두는 아라비카의 특성을 띤다.

실제로 커피녹병에 큰 저항을 갖게 되었고 열매의 밀집도도 높아져 생산성은 눈에 띄게 향상되었다. 그리고 생두에 함유된 카페인의 양도 기존 로부스타 대비 현저하게 줄었으나 향미 면에서는 순수 아라비카보다는 낮은 평가를 받고 있다.

⑬ SL28, SL34

1930년대 케냐 나이로비의 품종연구소에서 인위적으로 변이를 유도한 버번의 변종이다.

생산성이 늘어났고, 가뭄과 질병에 대한 저항성이 높아졌으며, 맛 또한 인위적으로 유도하여 좋은 평을 받고 있다.

생두의 크기도 크고 신맛과 단맛이 잘 구현된다.

1980년대에는 지속적인 연구를 통해 케냐에서 SL28과 카티모르의 교배종인 루이루일레븐(Ruiru11)을 내놓기도 하였다.

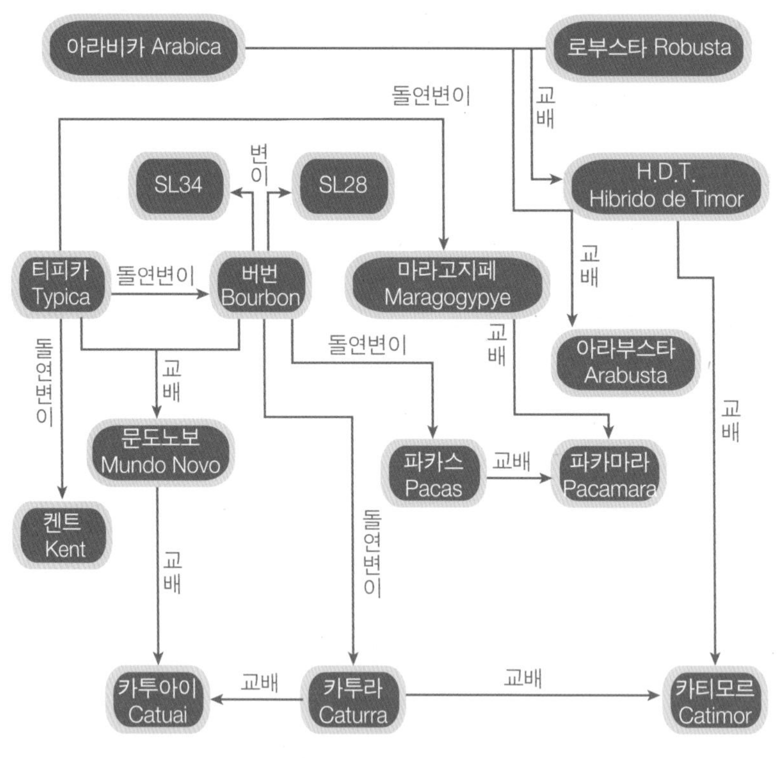

아라비카 품종계통도

2 아시아 커피

1) 인도네시아

인도네시아 커피는 일찍이 17세기 자바섬에서 자라났다. 당시 네덜란드는 자카르타에서 영국군을 물리치고 자바섬을 점령하며 1696년 자바섬에 최초로 아라비카종을 아프리카에서 가져다 심으면서 본격적으로 동남아시아 커피 재배의 서막을 열었다.

인도네시아의 커피산지

그러나 불행히도 19세기 전 세계를 휩쓴 커피녹병으로 아라비카 나무의 대다수는 고사하였고, 다시 아프리카 콩고로부터 병충해에 강한 로부스타 커피를 가져다가 재배하기 시작하였다.

그 후로 생산성이 강한 로부스타 나무가 자바섬을 위시한 인도네시아 북부에 널리 퍼졌고 한때는 전체 커피 생산량의 90% 이상을 로부스타가 차지하기도 하였다. 그러나 최근 들어 품질 좋은 아라비카의 생산량을 꾸준히 늘려나가는 농장이 늘어나며 현재 로부스타와 아라비카의 생산비율은 7:3 정도이다.

커피 생산량이 전 세계 4위, 아시아에서 2위이지만, 아시아 부동의 1위인 베트남이 거의 대부분 로부스타의 생산에 치중하는 것을 감안하면 아시아 최고의 생산국가라 함이 과언이 아니다.

커피나무에 이상적인 무기질의 화산지형과 함께 풍부한 인구는 인도네시아의 커피산업을 지속적인 성장으로 이끌었다. 또한 인구 2억 5천만의 대국답게 전체 726,000톤(2020년 기준)의 생산량 중 40%가량인 30만 톤은 자국 내에서 소비되는 소비대국이기도 하다.

인도네시아의 커피는 보편적으로 산미가 약하고 바디감이 강해서 반대로 산미가 강한 아프리카 커피의 블렌딩 베이스로 많이 쓰인다. 남성적인 무게감과 흙 향(Earthy)으로 대변되는 다크(Dark)함 역시 인도네시아 커피의 한 특징이다.

특히 수마트라 지방에서 전래된 커피펄핑의 전통 방식인 길링바사(Giling Basah : Wet Hulling)는 생두의 깊은 맛을 더해준다. 현재도 인도네시아의 일부 지방과 그 외 극히 일부 지역에서만 시도되고 있는 고급 펄핑 방법 중 하나이다.

인도네시아 커피의 등급은 G1부터 G6까지 결점두의 개수로 분류하여 등급을 나눈다.

다른 국가에 비하여 결점두에 대한 허용치가 높은 편이다.

등급	결점두의 허용 개수 (300g 기준)
Grade 1	11개 이하
Grade 2	12개 - 25개 이하
Grade 3	26개 - 44개 이하
Grade 4a	45개 - 60개 이하
Grade 4b	61개 - 80개 이하
Grade 5	81개 - 150개 이하
Grade 6	151개 - 225개 이하

수많은 섬으로 이루어져서 넓은 영토를 소유한 인도네시아에서는 각 섬마다 그 지역의 풍토에 맞는 다양하고도 특색 있는 커피가 자라난다.

수마트라

인도네시아에서 가장 많은 커피가 생산되며 가장 주요한 커피산지이다.

수확시기	12월 - 3월
주요 생산지	만델링(Mandheling), 가요마운틴(Gayo Mountain), 링톤(Lintong), 아체(Ache)-타켕온(Takengon)

주요 재배품종	로부스타, 티피카, 카투라, 버번, 카티모르 등	
펄핑방식	내추럴(Natural), 길링바사(Giling basah)	
커피의 특징	람퐁 로부스타	콩이 크며 로부스타치고는 맛이 산뜻하다.
	만델링	신맛이 적고 남성적인 무거운 바디감으로 인기가 있다.
	가요마운틴	상대적으로 덜 가벼운 바디감과 함께 산미가 살아난다.
	링톤	상대적으로 덜 가벼운 바디감과 함께 향미가 살아난다.

자바

인도네시아에서 최초로 커피가 재배된 지역으로, 수도인 자카르타가 위치한 섬이기에 많은 커피 가공시설이 들어서 있는 곳이기도 하다.

수확시기	1월 - 3월
주요 생산지	섬 동쪽지역 - 이젠 고원(Ijen Plate) 등 섬 서쪽지역 - 말라바 마운틴(Malabar Mountain) 등
주요 재배품종	로부스타, 카투라, 버번, 카티모르 등
펄핑방식	워시드(Washed)
커피의 특징	수마트라와 비슷한 무거운 바디감과 초콜리티함이 있다. 수마트라와는 달리 길링바사 펄핑을 하지 않기 때문에 외관이 구분된다.

발리

특히 킨타마니 지역은 서늘한 고원지대이며 거대한 분화구가 있는 화산토라 커피 생육에는 더할 나위 없이 좋은 지역이기도 하다.

수확시기	3월 - 8월
주요 생산지	킨타마니(Kintamani)
주요 재배품종	카투라, 버번, 카티모르 등
펄핑방식	워시드(Washed)
커피의 특징	달콤한 과일 향과 함께 스모키함이 있다. 인도네시아 북부지역 섬과 남부지역 섬의 특징을 같이 가지고 있다.

술라웨시

술라웨시의 토라자 커피(Sulawesi Toraja)는 18세기 네덜란드 식민지 시절에는 유럽 왕족과 귀족에게 헌납하는 커피로 귀히 여기지기도 하였고 지금도 수출품은 국가차원에서 엄격하게 관리되고 있다.

초콜리티함과 스모키함은 많은 사랑을 받고 있다. 반면에 흙 향과도 같은 독특한 고유의 향미는 대중화를 가로막고 있다.

수확시기	4월 - 10월
주요 생산지	토라자(Toraja)
주요 재배품종	티피카, 카투라
펄핑방식	길링바사(Giling Basah), 워시드(Washed)
커피의 특징	담배 향과도 같은 독특한 향미가 있어 호불호가 갈린다. 일반적으로 바디감이 좋고 산미와 단맛이 조화롭다.

플로레스

많은 스페셜티 커피농장들이 들어서 있으며 인도네시아의 특성보다는 남태평양 커피들의 특성에 많이 가깝다.

수확시기	6월 - 10월
주요 생산지	바자와(Bajawa)
주요 재배품종	티피카, 카투라
펄핑방식	길링바사(Giling Basah), 워시드(Washed)
커피의 특징	꽃 향과 함께 과일 향이 좋다. 상대적으로 바디감은 떨어지는 면이 있다.

2) 베트남

베트남은 브라질 다음으로 많은 양의 커피를 생산하는 커피 대국이다.

그렇지만 전체 커피 생산량의 97%가량이 저가의 로부스타로 고급 원두 커피보다는 인스턴트 커피의 원료나 저가의 블렌딩 베이스용으로 전 세계인에게 사랑받고 있다.

베트남의 커피산업은 약 150년 전에 프랑스 선교사들에 의해 아라비카로 시작되어 베트남 전쟁을 겪으면서 전폭적으로 로부스타로 바뀌었다. 정부 또한 대규모로 산악지대를 개간하며 로부스타 나무를 재배하도록 지도하여 현재 극히 일부의

베트남의 커피산지

지역을 제외하고는 모두 로부스타를 재배하고 있다.

아라비카가 재배되는 소수지역은 중부 고원지대인 달랏(DakLak), 또는 서북 국경지대인 디엔비엔(DienBien) 정도이다.

베트남 내에서의 커피소비는 거의 로부스타이다. 더운 날씨로 인하여 커피 자체의 향미를 즐긴다기보다는 한 잔의 음료로 생활 속에 녹아들어 얼음과 연유를 듬뿍 넣은 다디단 베트남 커피 특유의 문화를 만들어 내었다.

베트남 커피의 등급은 로부스타를 기준하여 커피 생두의 크기(Screen Size)와 결점두의 개수로 판단한다.

등급	생두 크기(Screen Size)	결점두 개수(300g)
Grade 1A	16 이상	30개 이하
Grade 1	14 이상	60개 이하
Grade 2	12 이상	90개 이하

수확시기	11월 - 4월
주요 생산지	중부 고원지대 - 달랏(DakLak), 잘라이(GiaLai), 꼰뚬(KonTum), 람동(LamDong), 부온마투옷(BuonMeThuot) 남부지대 - 동나이(DongNai), 바리아붕따우(BaRiaVungTau), 빈푸옥(BinhPhuoc)
주요 재배품종	로부스타, 카티모르
주요 펄핑방식	내추럴(Natural)
생산 고도	해발 500m - 700m
생산량(2020년)	174만 톤

3) 태국

태국의 가장 큰 커피비즈니스는 태국 왕실이 이끄는 로열프로젝트(Royal Project)이다.

태국 전역에 있는 커피농가들과 계약을 맺어 좋은 가격에 수매를 해주고 전국에 약 2,000개의 로열프로젝트 소유의 커피 가공 스테이션을 만들어 커피를 가공 송출하는 시스템이다.

농민들은 특별히 가공스테이션을 만들지 않아도 되고, 왕실에서 나쁘지 않은 가격에 커피를 수매해 가니 좋은 평을 받으며 비즈니스는 제 궤도에 오를 수 있었다.

다음으로는 도이창 커피(Doi-Chang Coffee)를 들 수 있다.

태국의 커피산지

태국 남부의 한 부호가 태국 북부 치앙라이의 도이창 지역을 방문해 아카족 족장을 만나면서 시작된 커피비즈니스 마케팅 스토리는 세계적으로 유명해졌다.

치앙라이는 태국과 라오스, 미얀마 3국의 국경지대이자 소수민족의 거주지로 중앙정부의 통제가 잘 미치지 않아 예로부터 마약 재배가 성행해 왔다. 이들 아카족과 카렌족을 설득하여 양귀비나 코카인 대신 커피를 재배하게 했고 국경지대의 문제를 해결하면서 중앙정부의 지원을 받아낼 수 있었으며 커피의 품질이 더욱 향상되었다는 이야기는 여러 나라에서 귀감으로 삼기에도 충분했다.

어느 정도 실제를 바탕으로 한 마케팅 스토리인지라 지금도 도이창 커피의 로고는 아카족 족장의 얼굴을 그대로 쓰고 있다.

처음 커피가 태국으로 전파된 시점은 불과 수십 년밖에 안 된 1970년대이다.

산업화에 뒤처지고 소수민족으로서 중앙정부로부터의 혜택을 못 받는 태국 북부지방을 지원하기 위해 UN의 주도하에 커피 종자와 함께 기술이 지원되었다.

북부지역 교육과 리서치의 핵심인 치앙마이 대학은 이때부터 커피에 관한 리서치센터를 운영해왔다. 네덜란드, 오스트리아, 독일에서 자금과 기술을 지원해와 지금은 태국 커피기술의 메카로 자리매김하였다.

정부의 자국 커피산업 보호정책으로 해외수입 생두에 대하여는 고율의 과세를 부과하고, 자국의 커피를 사용할 것을 독려하여 커피 가격은 안정세를 보이고 있다.

커피 맛은 주로 강배전에 어울리는 무게감이 있는 쓴맛이 주류를 이룬다.

로부스타는 태국 전역에서 잘 자라나며, 아라비카는 북부 산악지대에서 자란다.

수확시기	11월 - 2월	
주요 생산지	아라비카	치앙마이(Chiangmai), 치앙라이(Chianglai), 메홍손(Mehongson)
	로부스타	참폰(Chumphon), 수랏타니(Surat Thani), 나콘시타마랏(Nakhon Si Thammarat), 팡나(Phang Nga) 등
주요 재배품종	로부스타, 카티모르	
주요 펄핑방식	내추럴(Natural) 고산지대에서는 워시드(Washed)	
생산 고도	해발 700m - 1,500m	
생산량(2020년)	2만 6천 톤	

4) 라오스

라오스의 커피산지

라오스 커피는 프랑스 식민시절인 1900년대 초반에 심어져 대부분 남부에 위치한 볼라벤고원(Bolaven Plateau)에서 생산된다.

로부스타도 해발 1,000미터 이상의 서늘한 기온에서 자라나며, 다른 국가들의 험준한 재배지와 달리 볼라벤 고원지역은 대규모의 산악평지라 천혜의 재배조건을 가지고 있다. 그러나 재배기술은 아직 미진한지라 주로 내추럴로 가공되어 품질이 떨어지는 커피가 시장에 나오고 있다.

라오스 아라비카 커피는 중간 정도의 바디감에 초콜리티함과 과일 향이 좋다고 평가된다.

라오스의 유명한 커피농장은 다오커피(Dao Coffee), 시눅커피(Sinouk Coffee), 쯩웬커피(Trung Nguyen : 라오스에 위치한 베트남 커피농장) 등이 있으나 이들은 시장에서 좋은 품질보다는 대량생산으로 유명하다.

수확시기	11월 - 2월
주요 생산지	볼라벤 고원(Bolaven Plateau) - 팍송(Paksong), 팍세(Pakse)
주요 재배품종	로부스타, 카티모르
주요 펄핑방식	내추럴(Natural), 일부 워시드(Washed)
생산 고도	해발 1,000m - 1,300m
생산량(2020년)	3만 6천 톤

5) 인도

인도의 커피산지

인도는 열대성 기후인데다 넓은 국토에 다양한 지역이 많이 존재한다. 그중 커피재배에 유리한 강수량과 배수가 잘되는 고원지대가 여러 곳에 있어 커피가 많이 생산되고 있다.

인도 커피는 주로 남쪽에 있는 3개 주(Karnataka, Kerala, Tamil Nadu)에서 생산된다.

이 3개 주는 열대계절풍 강우인 몬순(Monsoon)의 영향을 받고 있어 커피의 건조에 지대한 영향을 끼친다. 커피가 인도에서 처음 재배되던 16세기에는 유럽으로 수출하기 위하여 오랜 항해를 거쳐야만 했고 이 기간 중에 소금기를 띤 습한 몬순 계절풍의 영향으로 커피가 숙성되어 누렇게 변하였다. 이렇게 변한 커피의 톡 쏘는 향미와 스파이시한 맛이 유럽인을 매료시켰고 지금은 인위적으로 몬순 계절풍에

긴 시간 노출시키고 말려서 몬순커피(India Monsoon)를 만들고 있다.

유럽시장에서는 몬순말라바AA(Monsooned Malabar AA), 마이소르너 너깃 엑스트라볼드(Mysore Nuggets Extra Bold), 로부스타인 카피로얄(Kaapi Royale)을 3대 인도 커피로 꼽고 있다. 인도의 커피는 약간 스파이시한 향미를 띠는데 이는 유럽인들에게 좋은 반응을 얻고 있어 인도의 커피는 주로 유럽으로 수출되고 있다.

특히 로부스타 중에서 가장 유명한 카피로얄(Kaapi Royal)은 로부스타의 특성과 함께 아라비카에서 나오는 복합적 향미가 있어 이탈리아 유명 커피 브랜드의 베이스로 많이 쓰이고 있다.

알려진 바로는 켄트(Kent)종이 주력이라고 하나, 실제로 켄트종은 커피녹병(Rust)에 약해 농민들은 더 이상 재배하지 않고 있다.

대신 품종에 대한 다양한 연구가 활발하여 CCRI(Central Coffee Research Institute) 등에서 205개 이상의 유전자를 수집하여 인도에 적합한 품질 개발에 힘을 기울였다.

또한 인도는 세계에서도 유래가 드문 혼합식재(Inter Crop)를 하는 나라이다. 혼합식재로는 커피나무 사이에 주로 후추(Peper)를 심는데, 이 후추나무는 그늘 재배를 위한 셰이드 트리(Shade Tree) 역할을 하여 커피 품질을 높이는 데에도 기여하지만, 농부들에게는 비즈니스 추가 수익원이 된다.

수확시기	11월 - 2월
주요 생산지	카르나타카(Karnataka) - 아라비카와 로부스타의 최대 생산지 케랄라(Kerala) - 로부스타 주요 생산지 타밀나두(Tamil Nadu) - 아라비카 주요 생산지
주요 재배품종	로부스타, 찬드라기리(Chandragiri), 셀렉션6(Selection6), 셀렉션7, 셀렉션5, 셀렉션9, 셀렉션3, 셀렉션795, 카우베리
주요 펄핑방식	워시드(Washed)
생산 고도	아라비카 : 해발 800m - 1,500m 로부스타 : 해발 400m - 1,000m
생산량(2020년)	32만 톤
향미의 특징	아라비카 - 스파이시함과 초콜리티함을 특성으로 함 로부스타 - 다채로운 향미와 다크하면서도 부드러움

6) 예멘

예멘의 커피역사는 세계 커피역사와 같이 하기에 거의 천 년에 이른다. 에티오피아에서 발견된 커피가 처음으로 넘어간 곳이 홍해를 건너 마주 보고 있는 예멘이며 그 후 현재까지도 전통적인 가공법에 의지해 커피를 생산해오고 있다.

예멘의 커피산지

아라비아반도는 전통적으로 물이 귀해 워시드 공법 대신 아직까지 자연 건조법인 내추럴(Natural)을 사용하고 있는데 이는 예멘의 커피콩이 균일하지 않은 색을 띠고 모양새도 깔끔하지 못한 원인이 된다.

과거 예멘의 모카(Mocha)항을 통해 커피가 유럽을 비롯한 다른 지역으로 수출되었던 명성 때문에 예멘은 모카라 불리는 커피가 유명하다. 예멘 모카 마타리(Yemen Mocha Mattari)는 세계 3대 명품 커피 중 하나로 꼽힌다.

콩의 크기가 작고 매우 못났으며 색깔도 불규칙하다. 그렇지만 풍부한 과일 향과 묵직한 바디감과 함께 느껴지는 초콜리티한 단맛은 모카 마타리를 세계 3대 커피로 만들어 주었다.

커피숍에서 불리는 모카커피는 주로 초코시럽을 첨가한 커피를 뜻하는데 초콜릿 향이 나는 모카커피에서 유래되었다.

마타리(Mattari)를 최고의 품질로 치고, 그 아래 커피를 샤르키(Sharki), 사나니(Sanani)라 칭하지만 이것이 분류 등급은 아닐 뿐더러 따로 등급 분류 체계도 없다.

수확시기	10월 - 12월
주요 생산지	베니 마타르(Bani Mattar) - 모카 마타리의 생산지
주요 재배품종	티피카(Typica), 버번(Burbon)
주요 펄핑방식	내추럴(Natural)
생산 고도	해발 1,000m - 2,000m
생산량(2020년)	6천 톤
향미의 특징	신맛이 적고 초콜리티한 단맛과 풍부한 과일 향

7) 중국

전통적으로 차 문화가 강세이던 중국은 최근 들어 서남부의 윈난(Yunnan)성을 중심으로 커피 재배가 확산되고 있다. 과거의 차 재배지에서 기존의 차나무를 베어내고 조금 더 나은 수익성을 찾아 커피나무를 심으면서 점차로 재배지가 확대되고 있는 것이다.

특히 과거 보이차의 재배지였던 푸얼지방과 시솽반나 그리고 바우산을 중심으로 하는 커피재배지에서는 급격한 연구개발과 함께 세계 유수의 커피공장들이 하나둘 자리를 잡기 시작하면서 아시아의 신흥 커피재배국으로 떠오르고 있다.

해발 900-1,500m 지역에서 주로 아라비카 카티모르 품종을 재배하며 1월에서 3월까지 수확한다.

8) 캄보디아

주로 동부의 베트남과 접한 몬돌키리(Mondol Kiri) 지역에서 그리 많지 않은 수량이 생산되고 있다.

품종도 거의 대부분 로부스타이거나 아라비카 카티모르종으로 저급한 내추럴로 생산되고 있어 그다지 수요가 많지는 않다.

11월에서 2월까지 수확한다.

9) 미얀마

미얀마 제2의 도시인 만달레이 동쪽에 있는 핀우린(Pyin Oo Lwin) 지방에서 주로 생산되고 있다.

과거 군사정부 시절 커피경작이 가능한 넓은 토지가 대부분 압수 조치되어 많은 농부들이 경작할 땅을 잃었고 민간정부가 출범한 2011년부터 개인농장들이 경작을 시작하였으나 아직 이렇다 할 품질의 커피를 내놓고 있지는 않다.

소량 생산되며 캄보디아처럼 대부분 로부스타이거나 아라비카 카티모르종이다. 주로 내추럴로 생산되고 있으나 워시드로 가공된 아라비카의 경우는 라오스 커피와 비슷한 성향을 보인다.

11월에서 2월까지 수확한다.

3 태평양 지역 커피

1) 하와이

하와이 커피는 하와이안 코나(Hawaian Kona)로 대변될 정도로 하와이안 코나는 유명세가 있으며 세계 3대 커피 중 하나로 꼽힌다.

하와이 제도의 커피산지

하와이를 구성하는 8개의 섬 중 가장 큰 섬인 빅아

일랜드라 불리는 하와이섬(Hawaii Island)의 활화산인 마우나로아산과 마우나케아산의 서쪽 지역 경사지인 코나(Kona) 지역에서 재배되는 커피를 코나커피라 일컫는다. 이 외에도 마우이(Maui)섬, 몰로카이(Molokai)섬, 카우아이(Kauai)섬 등지에서도 커피가 재배된다.

하와이는 산이 많고, 북동무역풍을 받기 때문에 바람받이인 북동쪽 사면과는 달리, 바람의 그늘이 되는 남서쪽 사면은 강수량이 사바나 기후를 이루어 식물들이 잘 자란다. 특히 산이 험준해 해발고도가 높은 하와이섬의 남서쪽 사면에는 넓은 건조지역이 펼쳐져 마치 미국 본토와도 같이 대규모 초지가 펼쳐진다.

국내 많은 자료에 상당한 고지에서 재배하는 것으로 알려져 있으나, 실제로는 산 아래쪽 경사진 초지에서 대부분 재배되어 재배고도가 다른 생산지보다 오히려 낮다.

하와이는 무역풍이 몰고 오는 산악지대의 구름으로 인해 천연 그늘막이 생성된다. 이곳에 미국은 200년 전부터 커피나무를 재배해 왔으며 미국의 경제력과 함께 상당히 고가의 커피가 생산되어 왔다.

하와이산 티피카종은 고급커피의 특징인 균형감이 상당히 뛰어나고 뚜렷한 산미가 있다.

선진국답게 커피의 등급시스템도 잘 갖추어져 있어 스크린사이즈(Screen Size)와 결점두의 수와 맛 등을 종합적으로 평가하여 등급을 매긴다.

등급	생두 크기(Screen Size)	결점두 개수(300g당)
Extra Fancy	19 이상	10개 이하
Fancy	18 이상	16개 이하
Kona No.1	16 이상	20개 이하
Select Coffee	크기 상관 없음	5% 이하
Prime	크기 상관 없음	25% 이하

수확시기	9월 - 2월
주요 생산지	하와이(Hawaii)섬 코나(Kona)지역 - 가장 유명한 하와이안 코나 생산지 마우이(Maui)섬, 몰로카이(Molokai)섬, 카우아이(Kauai)섬
주요 재배품종	티피카(Typica)
주요 펄핑방식	워시드(Washed)
생산 고도	해발 600m - 1,000m
생산량	5천 톤 미만 그중 코나(Kona) 인증 커피는 500톤가량
향미의 특징	뛰어난 균형감과 고급스러운 산미

2) 동티모르

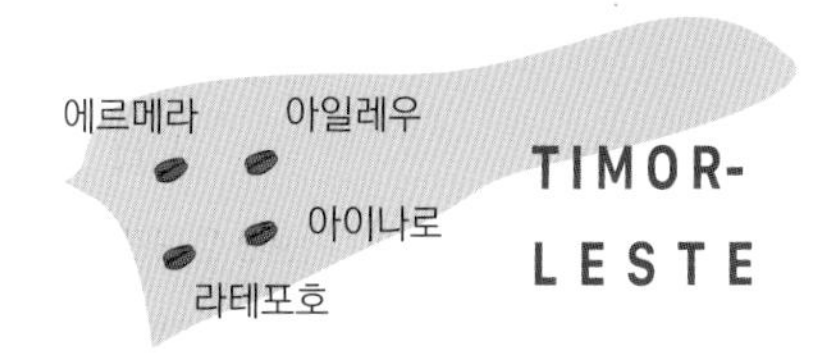

동티모르의 커피산지

남태평양의 작은 섬나라 동티모르는 400년 전 포르투갈 점령지 시절 그들이 약탈해 간 백단목을 베어낸 자리에 커피를 대신 재배하기 시작한 것을 유래로 오래된 커피역사가 있다.

오래된 역사와 뛰어난 품종에도 불구하고 포트투갈의 식민 지배가 끝나자마자 찾아온 인도네시아 식민지배의 영향으로 동티모르 커피의 인지도는 낮았다. 그러나 생산량의 많은 부분이 오래전부터 스타벅스를 위시한 글로벌 커피기업으로 송출되어 왔고 1999년 독립 이후에는 점차로 세계 시장에 알려져 최근에는 글로벌 다국적 기업의 투자도 잇따르고 있다.

남태평양 열도의 화산토에 뚜렷한 건기(6월부터 11월)와 우기(12월부터 5월), 그리고 산간지방의 풍부한 강수량과 바람(커피 주산지 에르메라의 강수량 3,000mm)으로 인하여 천혜의 커피 생장 조건이 갖추어져 있다.

야생 상태에서 프렌들리 셰이드(Friendly Shade)가 형성되어 인위적인 그늘막이 아닌 산비탈 길의 커피나무 사이로 자생하는 키 큰 수종의 나무들이 천연 그늘막을 형성하고 있다. 아래에서 자라는 키 작은 커피나무를 강한 햇살과 비바람 등으로부터 보호해주며 이로운 미생물의 번식도 도와 각 수종 간에 이로움을 주며 수분조절의 효과와 함께 그 사이로 바람길도 열어 자연친화적 생태환경이 조성되고 있는 것이다.

내전과 학살의 아픔을 딛고 20세기 최후의 독립국으로 국제시장에 나선 후 세계 각국의 NGO들이 앞다투어 들어가, 동티모르는 공정무역과 천연 야생커피로 유명하다.

세계 최빈국의 섬나라로 커피농장을 위한 물자가 절대적으로 부족하고, 독립 이후 토지소유 정비를 아직 제대로 하지 못해 포르투갈 식민지 시절 심은 커피나무가 동티모르 전역에서 자생하며 천연 야생커피를 만들어내고 있다.

또한 2012년 UN의 단계적 철수 이후에도 아직 국제기구의 감시와 보호 아래 놓여있는 관계로 농산물의 경우에 인증 기관의 인증 없이도 공정한 거래단계를 거치는 것으로 추정된다.

야생상태의 채집과 대형 농장이 아닌 소규모 마을 집단의 커뮤니티별 펄핑 과정을 거치다 보니 균일성이 떨어지고 결점두도 있는 편이다.

주요 품종은 전통적 고급 아라비카인 티피카(Typica)이다. 포르투갈 식민지 시절 최초로 로부스타와 하이브리드종인 H.D.T.(Hypbrid de Timor)종이 티모르섬에서 처음 발견된 것에 기인하여 티모르섬의 커피가 혼종인 티모르(Timor) 품종으로 알려지기도 하였는데 이는 사실과 다르다.

가공방식은 식민지 시절 유럽 귀부인들의 기호에 맞추어 워시드(Washed)로만 생산되던 전통으로 인하여 지금도 거의 대부분의 커피를 워시드로만 생산하고 있다.

최근에는 계속된 해외 커피전문가들의 기술 이전으로 길링바사(GilingBasah) 등도 생산되고 있다.

커피 맛의 특징은 남태평양 열대 고도의 바람과 햇살의 맛을 그대로 담은 독특하고도 밝은 산미와 절제된 바디감, 그리고 깔끔하면서도 부드러운 맛으로 표현된다. 또한 뛰어난 균형감과 함께 뒤에 치고 올라오는 단맛이 특징이다.

유명한 커피로는 동티모르 에르메라(Timor-Leste Ermera) 등이 있다.

자국의 미비한 커피관련 인프라로 인하여 아직 등급평가 시스템은 없다.

천연 야생커피인 동티모르 커피는 항상 공급이 수요를 따라가지 못하고 있다. 최근 수년간 강수기간의 확장으로 인해 연간 생산량이 1만 톤을 채 못 넘고 있다.

수확시기	6월 - 9월
주요 생산지	에르메라(Ermera) - 동티모르 최대의 생산지 아일레우(Aileu), 아이나로(Ainaro), 모비시(Maubisse) - 상급 품질 생산지 라테포호(Latefoho) - 일본 NGO의 커피 생산지역 마나뚜뚜(Manatutu) - 미국 NGO의 커피 생산지역 리퀴사(Liquica) - 저급품질 또는 로부스타 생산지역
주요 재배품종	티피카(Typica)
주요 펄핑방식	워시드(Washed) - 세미 워시드(Semi Washed)가 많음
생산 고도	로부스타 : 해발 500m - 1,000m 아라비카 : 해발 1,000m - 1,800m
생산량(2020년)	8천 톤
향미의 특징	단맛, 균형감, 부드러움, 깔끔함

3) 파푸아뉴기니

100년 전 지배국이었던 영국이 자메이카 블루마운틴 종자를 가져와 커피재배를 시작했으며 한때는 대량재배로 인하여 커피 품질이 상당히 떨어지기도 하였으나, 최근 다시 품질향상에 노력을 기울여 좋은 품질의 자메이카 블루마운틴과 같은 티피카(Typica) 품종이 생산되는 지역으로 각광받고 있다.

파푸아뉴기니의 커피산지

PNG고로카(Goroka), PNG시그리(Sigri), PNG아로나(Arona), PNG마라와카(Marawaka) 등이 유명하며 대부분 아라비카를 생산한다.

파푸아뉴기니에서는 커피가 생산되는 고원지대를 하이랜드(High Land)라고 명명한다. 파푸아뉴기니 커피의 90% 이상이 이 하이랜드에서 생산된다.

서부 하이랜드(Western Highlands), 동부 하이랜드(Eastern Highlands), 심부(Simbu), 모로베(Morobe), 이스트세픽(East Sepik) 이 5개의 하이랜드 중에서도 대부분 서부 하이랜드와 동부 하이랜드에서 생산이 이루어진다.

이 중 동부 하이랜드의 고로카 지역은 매년 5월마다 파푸아뉴기니 최대의 커피축제를 열고 있다.

분류기준은 품질로 결정하며 최상등급인 A부터, B, Y, Y2, Y3가 있다. (등급체계에 잦은 변경이 있다. 2020년 9월 최종 변경)

수확시기	4월 - 8월
주요 생산지	서부 하이랜드(Western Highlands) : 하겐(Mountain Hagen), 시그리(Sigri) -45% 동부 하이랜드(Eastern Highlands) : 아로나(Arona), 고로카(Goroka) - 37% 심부(Simbu) - 6% 모로베(Morobe) - 5% 이스트세픽(East Sepik) - 5%
주요 재배품종	티피카(Typica), 카투라(Caturra), 문도노보(Mundo Novo)
주요 펄핑방식	워시드(Washed)
생산 고도	해발 1,200m - 2,200m
생산량(2020년)	4만 5천 톤
향미의 특징	단맛과 산미의 조화가 좋고, 꽃 향과 과일 향이 풍부하다.

4) 바누아트

남태평양 오세아니아주에 속해 여러 개의 섬으로 이루어져 있고 인구밀도가 제곱킬로미터당 20명에 불과해 커피재배에 적합하지는 않다.

그렇지만 13개의 주 중에서 타나(Tanna)주의 경우는 커피가 중요 생산품목으로 자리잡고 있다.

생산량은 연간 수백 톤에 불과하고 그마저도 모두 호주와 뉴질랜드로 송출되어 버린다.

전통적으로 호주 자본과 기술로 생산해 왔지만 최근 들어 뉴질랜드가 합류하였다. 그러나 기술의 이전보다는 1차 산업격인 재배와 기초 가공만 타나섬에서 이루어지고 나머지는 모두 호주와 뉴질랜드 기업이 기술과 판매를 좌우하여 원주민들이 커피산업을 발전시킬 기회는 거의 없는 것이 문제로 대두되고 있다.

수확시기	7월 - 9월
주요 생산지	타나(Tanna)
주요 재배품종	티피카(Typica), 카투라(Caturra)
주요 펄핑방식	워시드(Washed)

생산 고도	해발 700m - 1,200m
생산량	5백 톤
향미의 특징	섬 고유의 특색이 있으며 산미와 단맛, 바디감 등이 적절히 조화롭다.

4 중남미 커피

1) 브라질

브라질은 넓은 국토, 훼손되지 않은 환경, 저렴한 인건비, 공업화의 발달로 인한 기계화, 이 4가지 요소로 인하여 부동의 커피 생산 1위국을 지키고 있다. 전 세계 커피 생산의 거의 40%를 브라질 단일국이 맡고 있다. 브라질에 가뭄이 들거나 홍수해가 났다는 국제뉴스는 공급의 부족을 우려해 그 해의 전 세계 커피값을 들썩이게도 한다.

브라질의 커피산지

2017년 통계에 의하면 2,339,630헥타르에 이르는 방대한 경작지에 커피 경작이 이루어지고 동시에 커피 소비 대국으로 미국에 이어 연평균 130만 톤의 커피를 소비하며 부동의 세계 2위를 지키고 있다.

18세기 초에 처음으로 들여온 커피나무는 19세기에 들어서 본격적으로 생산하기 시작하였다. 초기에는 노예들이 커피를 경작하여 양적인 성장을 이루었고 1900년대를 전후하여 브라질의 대대적인 캠페인인 소위 'Cafe com leite(Coffee with Milk)'를 통해 상파울루와 미나스 제라이스(Minas Gerais) 주의 커피산업이 양적으로 성장하였다.

현재도 미나스 제라이스주는 100만 헥타르가 넘는 경작지로 브라질 커피의 절반을 생산하는 최대 산지이다. 커피 생산은 주로 브라질 동남부 지역의 6개주에 집중되어 있다.

대규모의 경작지를 활용하여 커피를 재배하며 주로 산간 고지대가 아닌 대규모 농원을 잘 가꾸어 기계수확을 하는 것으로도 유명하다.

브라질 커피의 양적인 증대는 커피품질의 중성화를 가져오는 결과를 초래했다. 특별한 향미를 갖춘 독특한 커피가 아니라 거칠고 진해 주로 블렌딩의 베이스로 쓰이는 중성적 커피로 많이 알려져 있다.

상대적으로 낮은 해발고도에서 커피를 재배하다 보니 산미가 현저히 떨어진다.

혀에서 느껴지는 거친 격자감과 브라질의 독특한 펄핑 방식인 펄프드 내추럴(Pulped Natural : 워시드와 내추럴의 중간 형태로 대량생산에 적합)로 인한 저급스러운 향미는 고급커피와는 거리가 있다.

로부스타 대신 재배하는 코닐론(Conilon) 품종은 카네포라의 한 종류로 로부스타와 같이 취급받지만 로부스타보다는 조금 마일드한 면이 있다.

대표적인 커피로는 브라질 산토스(Brazil Santos)와 브라질 세하도(Brazil Cerrado)가 있다.

브라질 산토스는 특정 산지나 품질 이름이 아니고 커피가 수출되는 브라질의 유명 항구에서 비롯된 것으로 보통 이곳저곳에서 모여 산토스항을 통하여 수출되는 커피를 브라질 산토스로 명명한다.

브라질 세하도(또는 세라도로 발음)는 상파울로 남부에 위치한 브라질의 커피산지 이름이다.

커피품질의 분류기준은 5등급(2-6등급)으로 결점두의 개수로 구분한다.

등급	결점두 개수(300g당)
No.2	4개 이하
No.3	12개 이하
No.4	26개 이하
No.5	46개 이하
No.6	86개 이하

이 방법은 브라질-뉴욕 분류법이라 불린다.

300g당 생두에 포함되어 있는 결점두를 그 결점두가 가진 결점의 종류에 따라 점수를 매기고 이렇게 매겨진 점수를 합산해 결점계수(Defects)를 산출해 등급을 정한다.

예를 들어 돌(Stone) 등은 1개가 5점으로 비중이 크며, 벌레 먹은 콩은 5개가 1점으로 비중이 작은 식으로 환산된 점수를 Defects라 한다. 이 점수로 등급을 매긴다.

또한 수확 이후의 품질관리에 따라 상위의 파인컵(Fine Cup)과 그 아래인 굿컵(Good Cup)으로도 나눈다.

수확시기	5월 - 9월		
주요 생산지	생산지명	재배 면적	특징
	미나스제라이스(Minas Gerais)	122만 헥타르	최대의 생산지
	에스피리토 산토(Espírito Santo)	43만 헥타르	주로 로부스타 생산
	상파울로(San Paulo) - 모지아나(Mojiana)	22만 헥타르	-
	바이아(Bahia)	17만 헥타르	-
	혼도니아(Rondônia)	10만 헥타르	주로 로부스타 생산
	파라나(Paraná)	5만 헥타르	-

주요 재배품종	로부스타 - 코닐론(Conilon) 아라비카 - 레드 버번(Red Bourbon), 옐로 버번(Yellow Bourbon), 카투라(Caturra), 카투아이(Catuai), 문도노보(Mundo Novo)
주요 펄핑방식	펄프드 내추럴(Pulped Natural)
생산 고도	해발 200m - 1,200m
생산량(2020년)	414만 톤
향미의 특징	보편적으로 맛이 거칠고 진하며 잡향이 많이 스며있다. 긍정적인 면으로 견과류의 고소함과 초콜릿류의 단맛도 있다.

2) 콜롬비아

콜롬비아 커피는 워시드(Washed) 커피를 일컫는 마일드(Mild) 커피의 대명사이다. 국제 커피기구에서도 브라질리언 내추럴(Brazilian Natural)과 구분하여 콜롬비안 마일드(Colombian Mild)로 칭하고 별도의 통계 수치를 구할 정도로 콜롬비아는 마일드한 워시드 커피의 대명사이다.

대부분의 농장에서 아라비카만을 재배하며 로부스타 재배 시에는 여러 가지 제도적 제약이 따른다.

18세기 말에 프랑스 선교사들이 콜롬비아에 커피를 전하였고 19세기 초에 본격적으로 재배하기 시작하였다.

메델린
COLOMBIA
마니살레스
아르메니아
우일라

콜롬비아의 커피산지

주로 중서부 산악지대에서 재배되며 마니살레스(Manizales), 아르메니아(Armenia), 메델린(Medellin)의 세 군데 산지에서 전체 콜롬비아 커피의 2/3가 생산된다. 안데스(Andes)산맥 줄기가 연결되는 이곳은 해발고도 1,400m 이상에 비옥한 화산토를 가지고 있고 일조량이나 강수량이 적절하여 좋은 재배조건을 갖추었다.

콜롬비아 서쪽의 안데스산맥 인근 농경지는 콜롬비아 커피 문화 경관(Coffee Cultural Landscape of Colombia)으로 유네스코 세계유산에 지정된 바 있다. 커피 재배 지역의 상징성과 독창성, 그리고 생산적이면서 지속가능한 문화경관의 한 사례로 꼽힌다.

콜롬비아는 국가 전체가 커피벨트에 들어가 일 년에 두 번 수확기를 맞는다.

주 수확시기는 9월부터 1월로 이때 전체 생산량의 절반 이상이 수확되고 4월에서 6월 사이에는 부가적으로 수확한다.

콜롬비아 커피를 떠올릴 때 항상 먼저 떠오르는 당나귀와 함께 모자와 망토를 걸친 콧수염의 사내가 있다. 콜롬비아 커피의 전면에 항상 인쇄되는 이 커피농부는 후안 발데즈(Juan Valdez)라는 가공의 인물이다. 1958년부터 콜롬비아 국립 커피 농부 연합(National Federation of Coffee Growers of

Colombia)에서 광고용으로 사용하는 트레이드 마크이며 가장 성공한 커피 마케팅으로도 손꼽힌다.

생산은 전적으로 워시드(Washed)로만 생산한다. 때문에 콜롬비안 마일드라는 단어가 생겨났으며, 콩의 모양도 대표적으로 깨끗하고 날렵하다.

적당한 산미와 함께 전체적으로 밝고 화사한 맛이 좋다. 이와 함께 바디감도 떨어지지 않고 가격도 대중적이라 블렌딩의 베이스로도 많이 선호된다.

콜롬비아 커피의 수출등급은 수프리모와 엑셀소로 나뉜다. 수프리모와 엑셀소 사이에도 등급이 존재하며 엑셀소 아래에도 여러 등급이 있지만 수출이 불가하다.

대중에게 널리 알려진 유명한 콜롬비아 수프리모(Collombia Supremo)는 바로 이 생두 크기 17스크린 사이즈 이상의 콜롬비아 커피를 뜻한다.

등급	생두 크기(Screen Size)
수프리모 (Supremo)	17 이상
엑셀소 (Excelso)	14 이상
U.G.Q (Usual Good Quality), Caracoli	-

수확시기	9월 - 1월(50% 이상) 4월 - 6월(50% 미만)
주요 생산지	마니살레스(Manizales), 아르메니아(Armenia), 메델린(Medellin), 우일라(Huila)
주요 재배품종	버번(Bourbon), 카투라(Caturra), 티피카(Typica)
주요 펄핑방식	워시드(Washed)
생산 고도	해발 1,000m - 2,000m
생산량(2020년)	85만 8천 톤
향미의 특징	향긋한 산미와 함께 중바디 이상의 무게감, 화사한 산미와 함께 부드러운 과일 향 등으로 마일드한 커피 향의 표준을 보여줌

3) 코스타리카

코스타리카는 커피에 대한 자부심이 실로 대단하다. 오직 워시드(Washed) 펄핑만을 사용하여 커피를 생산하며, 아예 로부스타종의 경작은 법으로 금지시켜 놓았다. 정부는 커피나무의 재배를 권장하고 국립커피연구소(ICAFE : Institute del Cafe de Costa Rica)나 스페셜티커피협회 등이 설립되어 엄격하고도 철저한 품질관리와 함께 생산성과 기술의 발전에 힘을 쏟고 있다.

코스타리카의 커피산지

전 세계 커피 생산국 중 단위 면적당 커피 생산량이 가장 많은 나라도 코스타리카이고 이곳에서 최근 유행처럼 번져나가는 허니 프로세싱(Honey Processing)도 시작되었다.

특히 이 자부심은 타라주(Tarrazu) 지역에 이르러 그 절정을 이룬다. 수도인 산호세(San Jose) 남쪽의 고산 커피농장 밀집지역으로 이곳에서 생산된 콩은 크기는 작아도 산미가 강하고 아로마가 뛰어나며 과일 향과 어우러진 초콜리티함으로 좋은 평을 받는다. 타라주 커피는 코스타리카 커피를 대표하고 전 세계적으로 커피 생육 기술과 펄핑 기술을 선도해 나간다.

코스타리카의 커피나무는 수명이 길어 30년까지도 수확할 수 있으며 특히 셰이드 트리로 과실수가 많다. 이 과실수로 태양볕을 피하는 것은 물론 과실을 찾아 모여드는 동물들의 산성 배변으로 인하여 커피나무가 서있는 화산성의 토양은 더욱 비옥해지고 커피나무의 생장에 가장 좋은 약산성의 토양이 만들어진다.

이 토양은 코스타리카의 산악 고산기후와 어우러져 코스타리카 커피 특유의 과일 향과 강한 산미를 만들어 낸다.

코스타리카는 그리 넓지 않은 영토에도 불구하고 특이하게 일년 내내 커피 수확철을 이어간다.

때문에 국민소득이 그리 높지 않은 코스타리카는 물론이고 인근 니카라과나 특별한 직업을 갖기 힘든 토착 인디언들조차도 늘 전국을 떠돌며 수확기를 찾아다니면서 일자리를 구할 수 있다.

커피의 품질 등급은 해발고도에 따라 나누어지며 의미는 콩이 단단한 정도에 따라 구분하고 있다.

해발고도가 높은 곳에서 자란 커피콩은 낮과 밤의 기온차가 커 콩이 단단하게 여물기 때문에 거의 같은 의미라고도 할 수 있다.

등급		생산 고도
SHB	Strictly Hard Bean	해발 1,200m - 1,650m
GHB	Good Hard Bean	해발 1,100m - 1,250m
HB	Hard Bean	해발 800m - 1,100m
MHB	Medium Hard Bean	해발 500m - 1,200m
HGA	High Grown Atlantic	해발 900m - 1,200m
MGA	Medium Grown Atlantic	해발 600m - 900m
LGA	Low Grown Atlantic	해발 200m - 600m
P	Pacific	해발 400m - 1,000m

SHB(Strictly Hard Bean)가 가장 좋은 등급이며 전체 생산량의 거의 절반에 이른다. HB도 20% 이상으로 대부분의 커피콩이 SHB이거나 HB이다.

HGA, MGA, LGA, P는 각각 동부해안(Atlantic)과 서부해안(Pacific) 연안의 지역에서 자라나는 커피만을 위한 인위적 등급이다.

수확시기	동부 고지대 : 10월 - 1월 서부 고지대 : 11월 - 4월	동부 저지대 : 6월 - 10월 서부 저지대 : 9월 - 12월	
주요 생산지	생산지명	평균 생산고도	수확시기
	West Valley	해발 1,500m	11월 - 4월
	Tarrazu	해발 1,500m	12월 - 4월
	Tres Ríos, Cartago	해발 1,500m	12월 - 4월
	Orosí	해발 1,000m	9월 - 1월
	Brunca	해발 1,000m	9월 - 1월
	Turrialba	해발 800m	7월 - 12월
주요 재배품종	카투라(Caturra), 카우아이(Catuai), 티피카(Typica), 게이샤(Geisha)		
주요 펄핑방식	워시드(Washed)		
생산 고도	해발 600m - 1,800m		
생산량(2020년)	8만 7천 톤		
향미의 특징	고급스러우면서도 인상적인 산미가 특징적이다. 중바디 이상의 바디감에 깔끔한 단맛은 신맛과 어울려 좋은 밸런스를 유지해 준다.		

4) 과테말라

과테말라의 커피는 18세기 중엽에 선교사들이 소개하여 19세기 중반에는 산업으로 자리매김하였다. 처음에는 농민 대부분이 커피경작에 대한 지식이 없는 데다가 주로 부채에 의존하여 영세적으로 운영되었다. 그러다 외국자본의 투자가 시작되면서 커피산업은 본격 궤도에 오르기 시작하여 19세기 후반에는 생산량이 현재 수준인 20만 톤 이상으로 늘어났다.

과테말라의 커피산지

대표적인 커피산지는 안티구아(Antigua)이다. 이 지역은 해발 1500m 이상의 화산토 지형이라 커피 재배에 최적의 여건을 갖추고 있으며 인구의 집적도 좋은 데다 우기와 건기 또한 분명하여 안티구아는 과테말라를 대표하는 커피로 자리매김할 수 있었다.

가볍게 톡 쏘는 환한 산미와 세련된 초콜릿 향 그리고 스모키함과 입 안 가득차는 바디감은 이 지역 커피를 세계적으로 유명하게 만들어 놓았다.

다음으로 유명한 커피산지는 우에우에테낭고(Huehuetenango)이다. 우에우에테낭고는 조합이 잘 결성되어 있는 지역이며, 다른 과테말라 지역이 화산질의 토양임에 반해 이곳은 석회암질의 토양이다.

따라서 안티구아보다는 덜 스모키하지만 이 지역만의 특성인 마일드한 산미와 좋은 꽃 향이 특징이다.

과테말라는 대표적으로 화산토의 지형이다. 이러한 인산(Phosphorics)과 질소, 미네랄이 풍부한 화산토의 지형에서 자라나는 커피는 스모키함이 특징인데, 과테말라가 이를 가장 잘 표현해 주고 있다.

1960년 국립커피협회인 아나카페(Anacafe : National Coffee Association 또는 Asociación Nacional del Café)가 설립되어 커피산업을 관리하고 있다. 지역별 커피 명칭을 브랜드화하기 위하여 정기적으로 품질검사를 받도록 하고, 수출허가도 협회를 통하여 받도록 하였다.

커피의 품질 등급은 해발고도에 따라 나뉘며 의미는 콩이 단단한 정도에 따라 구분하고 있다.

등급		생산 고도
SHB	Strictly Hard Bean	해발 1,400m 이상
HB	Hard Bean	해발 1,200m - 1,400m
SH	Semi Hard Bean	해발 1,000m - 1,200m
EPW	Extra Prime Washed	해발 900m - 1,000m
PW	Prime Washed	해발 750m - 900m
EGW	Extra Good Washed	해발 600m - 750m
GW	Good Washed	해발 600m 이하

가장 뛰어난 품질의 콩이 SHB이기는 하나 이는 재배지역의 해발고도에 의하여 정해지는 것이고 실제로 품질에 관하여는 각 생산지의 지역명이나 농장명을 사용하고 있다.

아나카페(Anacafe)에서 상품의 질이 생산지 지역명의 명성에 미치지 못한다고 판단할 때에는 그냥 SHB 타이틀만을 붙이고 출시하도록 하여 SHB가 반드시 품질을 보증하지는 못한다.

수확시기	8월에서 이듬해 4월
주요 생산지	안티구아(Antigua), 우에우에테낭고(Huehuetenango), 오리엔탈(Oriental), 아티틀란(Atitlan), 코반(Coban), 산마르코스(San Marcos)
주요 재배품종	버번(Bourbon), 카투라(Caturra), 마라고지페(Maragogype), 티피카(Typica)
주요 펄핑방식	워시드(Washed)
생산 고도	해발 1,300m - 2,000m
생산량(2020년)	22만 5천 톤
향미의 특징	전체적으로 강한 바디와 초콜릿 향, 그리고 스모키함으로 특징짓는다. 아울러 세련되고도 강도 있는 산미가 균형을 이루어준다.

5) 페루

페루는 19세기 후반에 커피가 전해져 주로 자국 소비용으로 재배하다가, 1970년대에 본격적인 설비가 충족되면서 대량으로 커피를 재배하기 시작했다.

페루 커피는 매년 국내 수입량이 다섯 손가락 안에 꼽히는 큰 물량이나 대중에게는 그다지 알려져 있지 않다. 이유는 페루의 아라비카 커피는 대부분 국내 저렴한 인스턴트나 대량생산용으로 들어가기 때문이다.

페루의 커피산지

커피는 서부의 태평양을 바라보는 고지대에서 주로 재배되는데 해발 2,000m에서 생산되는 아라비카도 있지만 500m의 저지대에서 대량으로 생산되는 아라비카도 있다. 고지대에서 생산되는 아라비카는 북미나 유럽으로 많이 넘어가고 저지대의 아라비카가 아시아권으로 넘어온다.

페루의 고급커피에는 스파이시한 향미가 있다. 이것이 서구권에서는 고급으로 인식되고, 동양권에서는 그리 환영받지 못하기에 우리나라에는 오히려 좀 더 마일드한 저급의 커피들이 넘어오고 있는 것이다.

생산의 특징은 작은 농가들이 조합을 이루어 생산과 판매를 해나가는 것이다. 많은 조합들이 커피농가들의 권익을 대변하고 있으며, CENFROCAFE, CECOVASA 등이 대표적이다.

매년 11월에는 스페셜티커피(Specialty) 콘테스트를 수도인 리마(Lima)에서 일주일에 걸쳐서 열고 각국의 바이어를 초청한다. 그 외에도 각 커피산지에서 스페셜티커피 콘테스트를 진행하며 저렴한 커피의 이미지를 탈피하고자 하고 있다.

가장 유명한 페루 커피로는 페루 중부에 위치한 찬차마요(Chanchamayo)에서 자라는 찬차마요 커피가 있다. 그러나 유명세와는 달리 고급커피는 찬차마요 지역이 아니라 페루의 각 소규모 농장에서 자신들의 이름을 걸고 생산하는 상품들이다.

등급 분류는 결점두의 개수로 하나 페루의 등급제는 그다지 활성화되어 있지는 않다.

등급	결점두 개수(300g당)
Grade 1	15
Grade 2	23

수확시기	6월 - 11월
주요 생산지	찬차마요(Chanchamayo), 아마조나스(Amazonas), 산마르틴(San Martin), 산이그나시오(San Ignacio), 피우라(Piura), 푸노(Puno)

주요 재배품종	티피카(Typica) - 70 % 카투라(Caturra), 카티모르(Catimor), 버번(Bourbon), 파체(Pache) - 30%
주요 펄핑방식	워시드(Washed), 내추럴(Natural)
생산 고도	해발 1,200m - 1,800m
생산량(2020년)	22만 8천톤
향미의 특징	바디가 좋으며 풍부한 향이 있다. 시트러스(Citrus) 향과 함께 스파이시(Spicy)한 향도 함께 느낄 수 있다.

6) 멕시코

대표적 멕시코 커피로는 알투라(Altura)가 있으며, 이는 '고지대에서 생산된 커피'란 뜻으로 붙는 이름이다.

치아파스(Chiapas)주가 주된 생산지이며 2020년 기준으로 24만 톤의 커피를 생산하였다.

생산량에 비하여 특색이 떨어져 국제사회에서 관심이 적은 편이며, 대중적인 가격에 중성적이고 마일드한 특성으로 베이스로 많이 쓰이나 신맛이 조금 도드라져 선호도는 상대적으로 떨어지는 편이다.

등급은 재배지의 고도를 기준으로 SHG(Strictly High Grown), HG(High Grown), PW(Prime Washed), GW(Good Washed)로 나뉜다.

7) 파나마

국제사회는 2020년 기준, 불과 6,900톤의 커피를 생산한 파나마를 주목하고 있다.

파나마 에스메랄다 게이샤(Panama Esmeralda Geisha)의 생두가 거의 대부분의 바리스타 대회를 휩쓸다시피 하면서 게이샤 품종에 대한 관심과 함께 파나마가 주목의 대상이 되었다.

원래 게이샤 품종은 에티오피아를 원산지로 하며, 코스타리카로 건너가 정착한 후 뒤늦게 파나마로 이식된 품종이다. 파나마의 에스메랄다(Esmeralda) 농장에서 상업화에 성공하면서 전 세계에서 가장 비싼 커피 중 하나로 등장하였다.

밝은 꽃 향과 감귤류를 비롯한 과일의 산미 그리고 벌꿀의 단맛이 느껴지는 복합적인 향미, 그리고 균형감이 에스메랄다 게이샤를 최고의 커피 반열에 올려놓았다.

그 외에도 보케테(Boquete) 지역의 커피 등이 유명하다.

8) 자메이카

카리브해에 위치한 자메이카에서 생산되는 블루마운틴(Jamaica Blue Mountain)은 하와이안 코나

(Hawaiian Kona), 예멘 모카 마타리(Yemen Mocha Mattari)와 함께 세계 3대 커피로 꼽힌다.

하와이안 코나, 동티모르 에르메라 등과 같이 전형적인 티피카(Typica) 품종으로 균형감이 대단히 뛰어나다.

카리브해에서 가장 높은 산인 블루마운틴은 해발고도가 높고 토양이 비옥하며 고산지의 짙은 안개 때문에 열매가 천천히 익어 그 밀도가 높아 우수한 품질의 커피가 열린다. 이 열매를 잘 선별하여 수확해 워시드(Washed)로 정성 들여 생산한다.

섬의 동쪽에 위치한 블루마운틴에서 자라난 커피 중 자메이카 커피산업위원회인 JCIB(Jamaica Coffee Industry Board)에서 엄격한 품질관리와 심사를 통해 인증된 커피만을 블루마운틴이라 칭하고 일반적인 커피 마대가 아닌 나무통(Oak)에 담아 유통시킨다.

일본의 투자로 생산설비가 정비되었으며, 주로 일본으로 수출되고 불과 20-30%의 물량만이 기타 나라로 송출된다. 일본의 입도선매(立稻先賣)와 함께 수출량이 적어 고가에 거래가 이루어지고 있다.

5 아프리카 커피

1) 에티오피아

커피의 원산지인 에티오피아는 종주국답게 아프리카 최대 생산지이며 다양한 지역에서 여러 가지 가공방법을 통해 많은 종류의 커피가 생산되고 있다.

에티오피아의 커피산지

해발고도 1,500m에서 높은 곳은 3,000m에 이르는 고지대에서까지 커피가 생산되며 2,000-2,500mm의 연강수량, 15-25도의 연평균 기온은 아라비카 커피재배의 교과서적인 면모를 보인다.

실제로 에티오피아에서 커피로 인한 수입은 국가경제의 절반 이상을 차지한다. 또한 에티오피아 국민들 역시 오랜 역사 동안 커피를 음용해 왔기에 전체 생산량 중 절반가량을 자국 내에서 소비하는 것으로도 유명하다.

에티오피아는 커피를 마실 때 분나 마프라트(Buna는 에티오피아어로 커피를 뜻함)라는 특별한 의식을 치른다. 커피콩을 볶고, 분쇄하고, 제베나에 물을 끓여 추출하는 것이 한 자리에서 이루어지면서 마치 의식을 거행하는 것과도 같다. 이들의 커피사랑은 유별나서 전 세계에서 거의 유일하게 커피를 마시는 행동 문화 양식을 여지껏 견지하고 있다.

맛의 특징으로 여타 산지의 커피와는 달리 세련되면서도 가벼운 향미로 신맛과 향을 중시하는 커피 애호가들을 대상으로 많은 매니아층을 만들고 있다.

워시드나 내추럴 가공 이외에도 단맛을 극대화시키는 허니 프로세싱(Honey Processing), 이중습식법(Double Washed)등 다양한 가공방법들로 여러 가지 커피들을 시장에 내놓고 있다.

대표적인 커피들로는 예가체프(Yirgachefe), 시다모(Sidamo) 이외에도, 내추럴(Natural)의 안 좋은 퍼멘티드의 향을 과일 향으로 승화시키고 품질을 높여 상품화에 성공시킨 커피들도 있다.

코체르(Kochere), 첼바(Chelba), 리무(Limmu), 첼베사(Chelbesa), 이디도(Idido), 콩가(Konga), 툼치차(Tumthicha), 아라모(Aramo), 아리차(Aricha), 모모라(Momora), 하라(Harra) 등은 자신들의 지역명이나 농장명을 걸고 성공적인 마케팅을 통하여 내추럴 가공에 새로운 이정표를 제시하고 있다. 코케(Koke) 등은 허니 프로세싱으로도 유명하다.

전통적으로 에티오피아는 결점두의 숫자를 기준으로 8개의 등급으로 나누며 대외송출은 주로 G1부터 G4까지 이루어진다.

등급	결점두 개수(300g당)
G1	3개 이하
G2	4개 - 12개
G3	13개 - 25개
G4	26개 - 45개
G5	46개 - 100개
G6	101개 - 153개
G7	154개 - 340개
G8	340개 이상

수확시기	7월 - 이듬해 3월 (다양한 방식이 생산되며 수확기도 다양함)	
주요 생산지	하라(Harra), 리무(Limu), 구지(Guji), 시다모(Sidamo), 카파(Kaffa)	
주요 재배품종	아라비카 에티오피아종(Arabica Heirloom) - 여러 에티오피아 토착종	
주요 펄핑방식	워시드(Washed), 내추럴(Natural), 허니(Honey) 등 다양한 프로세싱	
생산 고도	해발 1,500m - 3,000m(주로 해발 1,500m - 2,000m)	
생산량(2016년)	39만 6천 톤	
향미의 특징	시다모(Sidamo)	레몬과 과일 향이 특징이며 밝은 산미가 있다.
	예가체프(Yirgachefe)	꽃 향과 함께 산뜻한 산미 그리고 가벼운 바디가 있다.

2) 르완다

르완다의 커피산지

르완다는 예로부터 천 개의 언덕을 품은 나라로 불리는 고원국으로서 험준한 산악지대이다. 후치족과 투치족의 종족말살을 목적으로 하는 대학살이 지속되어 왔고, 게릴라들은 산악지형을 토대로 오랜 기간 은신해 오면서 경제는 불안했다.

주로 저급한 내추럴(Natural) 공법으로 생산되어 왔고 워싱스테이션(Washing Station) 자체가 없었기에 2000년대 이전까지는 킬로그램당 0.5불밖에 안 되는 가격에 국제시세가 형성되어 있어, 르완다 커피는 오랜 기간 저급한 내추럴 커피로 인식되어 왔다.

그러나 2000년에 미국 USAD에서 인종대학살 상처를 극복하기 위한 일환으로 르완다 국내총생산의 50%를 차지하는 커피산업에 대한 지원을 결정하면서 변모하기 시작했다.

PEARL(Parternership to Enhance Agriculture in Rwanda Linkages) 프로젝트라는 이름으로 르완다 국내 석학들로 하여금 커피를 연구시키고 USAD의 자금을 동원하여 워시드(Washed) 가공을 할 수 있는 워싱스테이션을 곳곳에 세워놓았다. 풀리 워시드 가공을 할 수 있게 되면서 품질은 급격하게 상승하기 시작했다.

펄프로젝트(PEARL Project)의 특성상 기본적으로 농장들의 수가 많고 소규모이다. 통계치는 없으나 대략 25,000개 이상의 작은 농장들(Smallholder coffee farmer)이 있는 것으로 추정된다.

맛에 관해서는 기본적으로 아프리카 커피의 특성상 향이 좋고, 그 향이 에티오피아처럼 튀지 않고 깨끗하며 부드럽고 마일드한 향미가 있다. 산미 역시 도드라지지 않는 편이며 아프리카 계열 중 가장 순하면서 바디감과 단맛이 잘 살아난다.

최근 이슈로 떠오르는 르완다 커피의 커핑노트 중 감자 향(Potato)에 관하여는 학자들마다 그 의견이 분분하다.

갑자기 각광을 받으며 토양의 기력이 소진했다는 설과, 르완다에만 자라는 커피나무의 기생 벌레 때문이라는 설도 있으나 감자 향을 내는 메톡시피라진(Methoxy Pyrazine) 역시 르완다 커피 맛의 일부로 받아들여지고 있다.

르완다 커피는 따로 등급을 매기는 기준이 존재하지 않는다.

다만 국립농산물수출국인 NAEB(National Agriculture Export Development Board)에서 스페셜티 그레이드(Specialtiy Grade) 등 품질에 대한 인증을 서류와 함께 해주고는 있다.

수확시기	5월 - 7월
주요 생산지	전국에 걸쳐 약 2-3만 개의 소규모 커피농장이 산재
주요 재배품종	버번(Bourbon), 티피카(Typica)

주요 펄핑방식	워시드(Washed)
생산 고도	해발 1,300m - 2,000m
생산량(2020)	2만 2천2백 톤
향미의 특징	밀크초콜릿, 밀키함, 그래뉼(곡물의 맛), 허니 등

3) 케냐

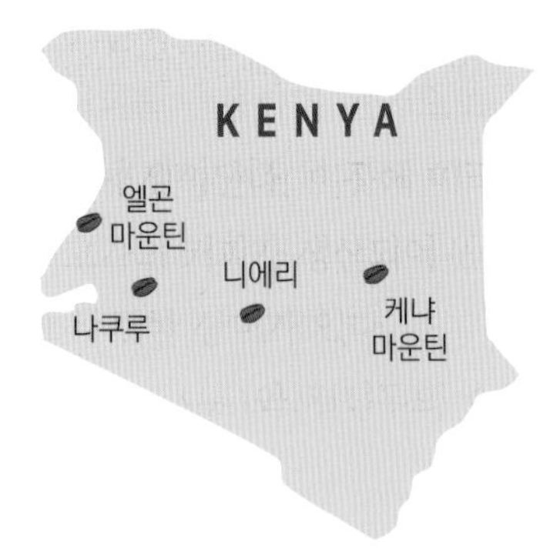

케냐의 커피산지

케냐의 커피는 주로 킬리만자로산에서 뻗어져 나온 고산지역과 케냐산(kenya Mountain) 그리고 엘곤산(Elgon Mountain) 인근 지역에서 생산된다.

최소 해발 1,500m 이상에서 재배되다 보니 주야간의 기온차로 인하여 산미가 좋으며 특히 토양의 특성상 인산(Phosphorics)이 많이 함유되어 있어서 강렬하고도 톡 쏘는 듯한 무거운 산미가 주요 특징으로 남는다.

기타 아프리카 커피가 향미에 치중되며 주로 바디감과 균형감이 떨어지는 데 반하여 케냐 커피는 긴 바디감과 함께 밸런스도 좋아 고급 커피로 평가받고 있다.

또한 일찍이 국가적 차원에서 품종연구소나 CBK(Coffee board of Kenya 케냐커피이사회), KCTA(Kenya Coffee Traders Association 케냐커피수출입협회) 등을 설립해 종자개량이나 기술교육, 수매 및 가공의 효율성 등을 연구하며 품질관리에 노력하고 있다.

19세기 후반에 에티오피아로부터 커피를 전해받은 케냐는 조금 늦었지만 아프리카를 대표하는 커피로 손색이 없게끔 정부차원의 노력을 기울이고 있다.

케냐 커피의 70% 이상이 소형 농장에서 재배되지만, 경매시스템을 잘 갖추고 있고 생산과정에서 협업시스템이 잘 이루어져 있어 국제사회에서 신뢰를 받고 있다. 때문에 시장가격이 안정적이다.

수도인 나이로비를 비롯하여 여러 경매장이 있으며, 자격을 갖춘 딜러들이 커피의 품질을 먼저 평가하고 이 결과를 기초로 경매에 임하여 커피가격에 공정성을 기하고 있다.

재배 품종은 주로 개량종이며 우기가 일 년에 2번인 관계로 수확기도 2번 찾아 온다. 주 수확은 10월에서 12월 사이에 하고 부 수확은 6월에서 8월 사이에 하는 독특한 구조이다.

대표적인 커피로 케냐AA가 손꼽히는데 이는 생두 크기로 분류한 것 중 가장 큰 등급인 커피이다.

등급	생두 크기(Screen Size)
AA	17 - 18
AB	15 - 16
C	14 - 15
기타 (T, TT, UG 등)	-

수출은 거의 AA등급과 AB등급에서 이루어지고 가끔 C등급이 수출된다.

그리고 피베리(Peaberry Bean)에 대하여도 PB로 따로 구분하고 있다. 때문에 전 세계 피베리 중에서는 케냐의 피베리가 가장 유명하다.

위와 같이 생두의 크기로 나누는 등급과 함께 기본적인 품질을 함께 명기하고 있다.

상급 품질의 경우는 보통 농장의 이름을 명기하여 품질에 대한 자신감을 나타내고, 경매를 통해 여러 농장이 합쳐진 경우에는 FAQ(Fairly Average Quality)를 기준으로 하여 FAQ+, FAQ, FAQ-로 품질등급을 표기하기도 한다.

수확시기	10월 - 12월(50% 이상) 6월 - 8월(50% 미만)
주요 생산지	케냐 마운틴(Kenya Mountain) 주변, 니에리(Nyeri), 나쿠루(Nakuru), 엘곤산(Elgon Mountain) 인근
주요 재배품종	SL34, SL28, 루이루일레븐(Ruiru11) 등 개량품종
주요 펄핑방식	워시드(Washed)
생산 고도	해발 1,500m - 2,200m
생산량(2020)	4만 7천 톤
향미의 특징	강한 바디와 독특한 산미로 남성적 커피로 평가받는다.

4) 탄자니아

케냐와 킬리만자로 국경을 맞대고 있는 북부지방에서 주로 아라비카 커피를 재배한다.

탄자니아의 커피산지

케냐처럼 국가적 차원의 품종개발이나 지원이 덜하여 아직 전통종을 재배하며 케냐 커피보다는 다소 시장성이 떨어지는 편이라 할 수 있다.

역시 탄자니아 제1의 수출품목으로 16세기경 에티오피아로부터 전래되었다.

전통 부족인 하야족(Haya tribe)은 과거 커피콩을 화폐로 사용했던 기록도 남아있으며 커피를 삶아 여러 가지 다른 식물의 향을 첨가해 음용한 기록도 있어 탄자니아 커피의 다채로운 역사를 잘 설명해 준다.

케냐보다 바디감은 상대적으로 떨어지지만 밸런스도 좋고 깔끔하여 나름 좋은 평을 받는다.

생두를 나누는 등급은 크기를 기준하며 품질등급은 케냐와 유사하다.

수확시기	아라비카 10월 - 12월(70% 이상) 로부스타 9월 - 10월(30% 미만)
주요 생산지	킬리만자로 모시(Moshi), 음베야(Mbeya) 부코바(Bukoba), 카게라(Kagera) - 로부스타 재배지역
주요 재배품종	버번(Bourbon), 티피카(Typica) 켄트(Kent)
주요 펄핑방식	워시드(Washed)
생산 고도	해발 1,500m - 2,200m
생산량(2020)	5만 4천 톤
향미의 특징	중바디와 함께 산미가 좋으며 강배전 시 강한 바디감과 스모키함의 향미도 보인다.

5) 부룬디

동아프리카 내륙에서 콩고, 르완다, 탄자니아에 둘러싸인 부룬디는 고산지대의 커피 산지다운 면모를 갖추고 있다.

20세기 초반에 식민 지배국인 벨기에가 커피를 재배하기 시작했으나 지금은 헤아릴 수 없이 수많은 작은 농장이 있다. 대표적 수출품이 커피이다 보니 나름 커피 생산에 열정을 기울이고 있으며, 그 결과 2012년부터는 COE(Cup of Excellence)에 가입하여 품질 좋은 커피를 세계 시장에 선보이고 있다.

2월에서 5월경에 수확하며 2020년 기준으로 1만 5천 톤의 커피를 생산했다.

6) D. R. 콩고

콩고의 커피는 대부분 키부호수(Lake Kivu) 근방에서 재배된다. 주로 로부스타가 생산되며 전체 커피 생산량의 1/5가량이 아라비카이다.

1990년만해도 10만 톤 이상의 커피를 생산하였으나 커피녹병의 영향과 내전으로 인하여 커피 생산은 급격히 감소하였고 2020년에는 2만 2천5백 톤의 커피를 생산하였다.

콩고 정부는 황폐해진 커피재배 섹터를 복원하겠다고 야심차게 공언하고 플랜을 세우고 있다.

남쪽 키부지방(South Kivu province)의 8개 구역, 로부스타 재배를 주력하기 위한 오리엔타르

(Orientale province) 지방, 그리고 아라비카 재배를 주력하기 위한 반둔두(Bandundu province) 지방에 700헥타르 규모의 지역을 선정하였지만 실제로 생산은 계획에 크게 미치지 못하고 있다.

최근 다국적 기업의 투자 등으로 좋은 품질의 커피가 생산되어 나오고 있다.

6 애니멀 커피

1) 코피 루왁(Kopi Luwak)

모든 커피가 나무에서만 수확되지는 않고 동물의 배설물에서 획득되기도 한다.

그중 가장 유명한 루왁(Luwak)은 시벳(Civet)이라 불리는 사향고양이의 배설물로 필리핀, 인도네시아, 동티모르 등의 산지에서 생산되고 있다.

가장 유명한 산지인 인도네시아에서는 코피루왁(Kopi Luwak)으로 불린다. 코피는 커피를 뜻하며 루왁은 사향고양이이다. 동티모르에서는 라꾸텐(Lacuten)으로 불리는데 라꾸(Lacu)는 야생 사향고양이를 그들 나름대로 부르는 말이며, 텐(Ten)은 배설물을 의미한다.

필리핀에서는 그들 전통의 루왁인 알라미드(Alamid)도 있고, 루손섬의 바탕가스 인근에서 많이 생산되나 품질이 그리 좋지는 않다.

루왁이 루왁으로서의 가치를 지니는 것은 인간의 노력이 미치지 못하는 그 희소성에 있다.

자연의 오묘한 섭리 덕분에 사향고양이는 동물적 본능으로 오로지 잘 익은 열매만 따먹는데, 이미 그 열매는 인간이 육안으로 구별해 수확하는 열매와는 당도와 성숙도에서 차이가 나게 마련이다.

그것이 커피 열매와 함께 섭취한 여러 다른 잡식들과 같이 소화의 과정을 거치며 강력한 소화효소로 인해 부드러워져 쓴맛이 덜하고 신맛과 단맛이 적절히 조화를 이루는 루왁 커피가 되는 것이다.

사실 루왁은 희소성과 인간이 범접하지 못하는 자연의 선택에 가치를 두기 때문에 천연 야생 루

야생 상태의 루왁

수집된 루왁

왁이 아닌 인공적인 루왁은 논외로 하는 것이 맞다고 본다.

게다가 사육되는 사향고양이(Civet)에 대한 잔인함과 비인간성은 많은 사람들이 매스 미디어 등을 통하여 실상을 접하고 부정적 견해를 견지해 나가고 있는 추세이다.

인도네시아나 필리핀의 경우는 거의 대다수가 사육농장이며 최근에는 이를 보완한 개방형 사육농장이나 애완견처럼 키워 사육하는 가정형 사육농장도 출현하고 있다.

최빈국인 동티모르는 야생동물을 가두고 먹이를 주는 행위를 국내법상 불법으로 엄격히 금하고 있으며 농장 울타리를 제조할 자원이 부족하여 사육농장은 존재하지 않는다.

여튼 인간과 자연이 서로 공생하며 혜택을 주는 것이 아니라 파괴의 순환을 보여주는 대표적인 예 중 하나가 바로 사육 루왁이다.

인도네시아의 사육 사향고양이

2) 콘삭커피(Consac Coffee) / 위즐커피(Weasel Coffee) / 블랙아이보리(Black Ivory)

동물의 배변에 대한 인간의 과도한 사랑과 애정 행위는 베트남의 다람쥐 똥 커피(Consac coffee)를 만들어내기에 이르렀으나, 많은 사람들의 기대와 정보와는 달리 이 콘삭 커피는 다람쥐 똥과는 하등의 관련이 없는 다람쥐를 기업로고로 쓰고 있는 모회사의 커피에서 유래했을 뿐이다. 인간의 절절한 구애와는 달리 육식을 좋아하는 잡식 동물인 다람쥐는 견과류에만 심취할 뿐 커피체리는 거들떠보지도 않는다. 많은 책자와 자료들이 잘못된 정보를 내어놓고 있는 것이다.

동남아 여행객이 많고 또 동남아 여행 시 쇼핑을 선호하는 한국에서만 만들어진 실체하지 않는 일종의 가공된 커피로 콘삭커피라는 브랜드의 인공 향 커피만 존재할 뿐이다.

대신 다람쥐와 닮은 족제비가 커피체리를 먹고 배설하는 위즐커피(Weasel coffee)는 간간이 거래가 되기도 한다.

그리고 코끼리의 배변에서 찾아내는 블랙아이보리(Black Ivory)도 값비싼 애니멀커피의 하나로 인도, 태국, 라오스 등지에서 각광을 받는다. 각광을 받는다는 것은 생산자들에게서 각광을 받는다는 것이 아니고 동남아지역 여행객에게 각광을 받는다는 것이다. 여행자를 대상으로 하는 무수한 현지 가공업체들이 실체를 알 수 없는 커피들을 지금도 계속 생산해 내고 있다.

새로운 것과 독특한 것을 찾아나가는 인간의 한없는 욕심의 산물이라 할 수 있겠다.

Coffee

III

커피의 생산

커피의 생산

 커피벨트

커피벨트(Coffee Belt)는 커피존(Coffee Zone)이라고도 한다. 지구상에서 커피가 식생할 수 있는 환경을 가진 나라들을 벨트로 이어 표시한 것으로 적도를 중심으로 하여 남북회귀선인 남위 23° 27′과 북위 23° 27′ 사이의 영역을 벨트처럼 이어놓은 것을 말한다.

이 벨트 안에서 거의 절대적으로 대부분의 커피가 자라나기 때문에 커피벨트는 대표적인 커피나무의 생육 가능지로 일컫는다.

거의 유일하게 커피벨트 안에 포함되어 있지 않았음에도 커피를 생산하는 나라로 북위 27°에 위치한 네팔이 있다.

그 외에도 많은 나라에서 커피나무를 식재하고 시험재배를 하고 있다.

우리나라에서도 팔당, 강릉, 제주도, 고흥 등지의 지역에서 커피농장이 시도되고 있으나 상업적 생산이라기보다는 아직 시험재배의 성격이 짙다.

2 커피 재배의 조건

1) 강수량(물)

커피씨앗이 싹을 틔우는 데 가장 중요한 요소는 물이다.

실제로 기후나 토양조건이 맞지 않음에도 불구하고 커피나무의 재배가 이루어지는 시도는 적정량의 물을 공급할 수 있기 때문이다.

기본적으로 커피씨앗이 싹을 틔우기 위하여는 함수율 20% 이상이 필요하며, 싹을 틔운 커피나무가 자라나기 위해서는 연 강수량 최소 1,500mm 이상이 필요하다.

아라비카의 적정 강수량으로는 연 2,000mm에서 2,500mm 정도로 본다.

로부스타는 주로 고온다습한 지역에서 자라므로 아라비카보다 많은 강수량, 즉 연 2,000-3,000mm 정도가 필요하다. 아라비카 나무는 뿌리가 로부스타보다 깊다. 때문에 적은 강수량에서도 수분을 머금은 긴 뿌리 덕에 생장할 수 있다.

강수량과 함께 물빠짐 조건도 중요한데, 커피 생장 지역은 주로 물빠짐이 좋은 화산토 지형이다. 게다가 높은 해발고도와 함께 경사지가 많아 물이 고여있지 않고 잘 빠져나간다.

연 강수량 3,000mm까지는 물빠짐만 수월하다면 좋은 커피의 생육조건이 될 수 있다. 그러나 과도한 강수량은 토양의 침식을 유도하거나, 일조시간을 단축시켜 수확에 안 좋은 영향을 미친다. 좋지 않은 물빠짐 조건도 뿌리를 썩게 하거나 습지 식물을 번식시켜 역시 수확에 안 좋은 영향을 미친다.

커피 재배 시 그해 강수량이 많으면 커피의 바디감이 살아나고, 반대로 강수량이 적으면 산미가 살아나는 특성이 있다.

2) 기후 조건

커피벨트 내의 커피 재배지 기후는 대개 아열대 기후이다.

열대기후에서는 좋은 커피가 자라기 힘들다. 연평균 기온 15-25도 사이가 가장 적합하다.

그리고 가장 중요한 것으로 서리가 내리거나 기온이 4도 이하로 내려면 커피나무는 치명상을 입는다. 특히 상층부에서 냉해가 내려오면 위쪽의 잎새들이 쉽게 고사해 버리는 경향이 있다. 겨울이 있는 우리나라에서 커피나무를 재배하기 어려운 이유가 여기에 있다.

온도가 너무 높아도 커피녹병 등의 병충해에 쉽게 노출되어 수확량이 현저히 떨어진다.

다음으로 중요한 것이 건기와 우기의 구분이 뚜렷해야만 한다.

우기에는 커피열매가 익어가고, 건기에는 커피열매를 수확하고 가공한다. 커피열매가 잘 성숙해 가기에 충분한 강수량은 필수적이나, 수확과 가공 시에 내리는 비는 품질에 나쁜 영향을 준다.

3) 해발 고도

보통 해발고도 1,000m를 중심으로 하여 그 아래에서는 광합성의 1차적 산물인 구연산(Citric Acid)이 형성되어 커피 열매의 신맛을 돋우고, 1,000m 이상 고도에서는 낮과 밤의 큰 일교차로 인하여 구연산이 2차적 대사산물인 사과산(Malic Acid)을 형성하며 좋은 커피의 필수요소인 복합적이고 오묘한 산미를 더해준다.

높은 고도에서는 해가림이 적어 일조량이 좋고, 주야의 온도 차이가 극심하여 과실의 높은 밀도와 당도유지에도 크게 유리하다.

때문에 높은 고도는 어느 정도 좋은 품질의 보증수표와도 같이 인식되어 과테말라, 코스타리카 등 중미지역에서는 수확지의 해발고도로 커피의 등급을 매기기도 한다.

로부스타의 경우에는 400m 이상의 저지대에서도 잘 자라나지만 아라비카 나무는 위도 0도를 기준으로 최소 1,000m 이상의 해발고도를 요한다. 위도가 올라갈수록 1,000m 이하의 낮은 해발고도에서도 자라난다.

4) 일조량

커피열매의 당도가 높고 커피씨앗이 단단하게 여물기 위해서는 적정한 양의 일조량이 필요하다. 최소 연 2,000시간 이상의 일조량이 필요하다.

그렇지만 강한 직사광선이나 열에는 약해 잎의 온도가 너무 올라가면 제대로 된 광합성이 이루어지지 않는다. 따라서 셰이드 트리(Shade Tree)라고 하는 키 큰 나무들이 같이 배치되어 있는 곳이 커피나무가 자라기에는 더 좋은 곳이다. 자연적으로 셰이드 트리가 자라나는 곳도 있고(Friendly Shade), 인공적으로 그늘막을 만들어 줄 수도 있다.

셰이드 트리는 햇볕만을 가리는 것이 아니고 그늘을 만들어 수분이 쉽사리 증발해 버리는 것을 막아주는 역할도 하며 바람길을 열어 주기도 한다. 또한 때로는 강한 바람으로부터 보호하는 방풍림의 역할을 하기도 한다.

5) 토양

커피경작에는 화산토 성분이 가장 적합하다. 미네랄과 인, 철분, 칼륨 등을 함유한 약산성의 토양이 가장 이상적이다.

커피나무가 자라는 토양은 반드시 약산성이어야만 한다. 따라서 대량재배 농장 등지에서는 산성인 토양에 석회 등을 살포하여 적정 수소이온농도(pH 5)를 유지시켜주기도 한다.

또한, 가축의 썩은 배설물이나 죽은 생물의 시체는 커피나무에게는 더할 나위 없이 좋은 영양 공급원이 된다. 동물의 썩은 시신은 토양을 산성화하는 데 결정적 도움을 주며, 뼛가루나 혈액 등에 들어있는 성분, 특히 인은 아주 효율적으로 커피의 생육을 돕는다.

동물성 비료를 대량으로 주기 어려운 큰 농장에서는 나뭇잎 등을 자연 거름으로 사용한다. 특히 솔잎 등이 썩어 거름이 되면 커피 열매의 산미를 배가시켜 준다는 연구 보고도 있어 선호되고 있다.

3 커피 체리

커피체리는 지름 약 1cm에서 1.5cm의 크기로 붉은색을 띠고 있는 열매이다.

얇은 겉껍질(외과피, Red Skin)만 붉은색이며 겉껍질 안에는 다른 과일들처럼 과육(Pulp)이 들어있다. 과육의 구조는 끈적끈적한 뮤실리지(Mucilage)로 되어있다. 이 과육은 일반적인 과실보다는 양이 적으며 녹색을 띤다. 당도는 꽤 높은 편이어서 때로는 20브릭스(brix)까지 올라간다.

커피체리

커피과육

붉은색의 겉껍질은 건조시켜서 차로도 음용된다. 일반적으로 이 커피 껍질차는 카스카라(Cascara)라고 부른다. 카스카라는 스페인어로 열매의 껍질을 의미하며 브라질을 제외한 중남미의 모든 커피 재배지역에서 스페인어를 사용하는 데에서 연유하였다.

끈적끈적한 과육 안에는 곡식의 겨와도 같은 골격을 가지고 있는 내과피(파치먼트, Parchment)가 들어있다.

파치먼트는 노란색을 띠며 두 개가 한 쌍으로 되어있다.

이때 커피콩을 둘러싼 내과피는 씨앗의 발아에 큰 역할을 한다.

커피 씨앗은 다른 식물의 씨앗에 비하여 무르기 때문에 흙 속에 심겼을 때 수많은 균에 감염되거나 곰팡이 등이 쉽게 피기 십상이다. 그러나 딱딱한 내과피는 이를 효율적으로 막아주고 씨앗이 숨을 쉬게 하여 건강한 싹이 나오는 데 기여한다.

내과피 안에는 생두가 들어있는데 생두와 파치먼트 사이에는 실버스킨(Silver Skin)이라고 하는 얇은 은피가 생두를 둘러싸고 있다.

커피체리 하나에는 보통 생두 두 개가 자리잡고 있으나 돌연변이로 한 개나 세 개가 자리잡기도 한다.

이 중 체리 하나에 생두 한 개가 있는 피베리는 하나의 별도 상품으로도 자리잡고 있다. 피베리는 케냐 또는 탄자니아가 유명하다.

파치먼트

파치먼트 안쪽의 실버스킨(Silver Skin)

플랫빈(Flat Bean)

정상적인 커피빈은 체리 하나에 생두가 한 쌍 들어있다. 두 개의 커피빈이 마주 보고 있는 구조라서 마주 보는 면이 납작하여 플랫빈으로 불린다.

피베리(Peaberry)

돌연변이의 영향으로 체리 하나에 커피빈 하나만 있는 경우 이를 피베리라고 부른다. 마주 보고 있지 않으니 평편한 면이 없이 전체적으로 동그란 형상을 하고 있다. 커피빈 두 개에 나누어져야 할 영양분이 하나의 커피빈으로 집중되었다고 하여 맛과 향이 더 우수할 것으로 기대되어 조금 더 비싼 가격에 거래되는 경향이 있었다. 그러나 반드시 더 우월하다고 보기 어려우며, 현재는 그냥 하나의 상품군으로 존재한다.

트라이앵글러빈(Triangular Bean)

역시 돌연변이로 체리 하나에 커피빈 세 개가 있는 경우이다. 피베리의 경우는 흔하게 발생하나, 트라이앵글러빈의 경우는 그리 흔치 않아 별도로 상품화되지는 않는다. 체리 하나에 커피빈 세 개가 자리잡다 보니 모양이 성치 않고 크기가 작아 상품성은 없다.

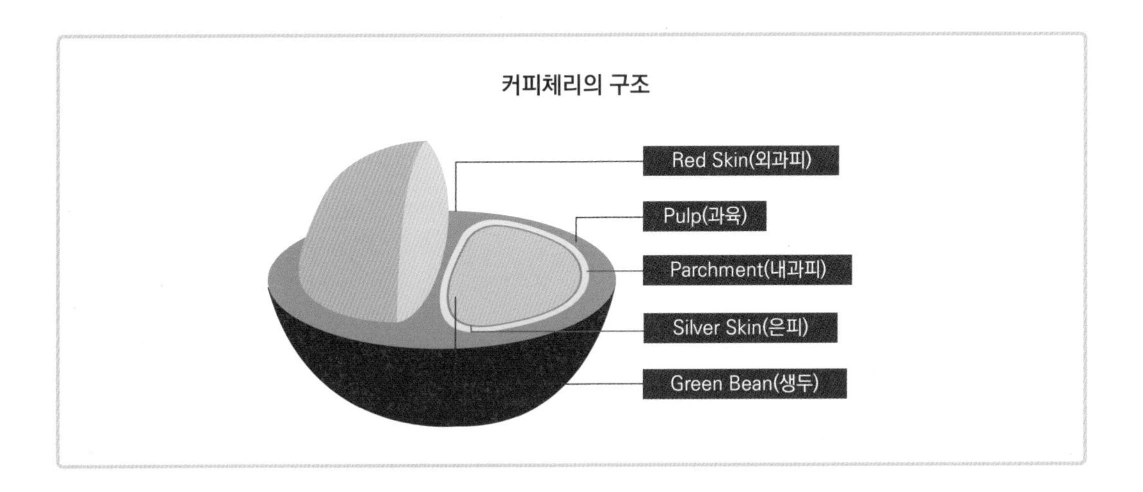

4 커피꽃

커피꽃의 개화기는 연중 단 며칠에 불과할 정도로 아주 짧다.

SCAA(미국스페셜티커피협회)의 커핑(Cupping : 커피 향미의 평가) 과정의 유기반응에서 나는 향(Enzymatic Aroma) 중 커피꽃 향(Coffee blossom)을 따로 명시해 놓는 것은 커피꽃 향이 나름의 특색 있는 유쾌한 향을 발하기 때문이다.

커피꽃의 향내는 아카시아 향기나 자스민 향기와 유사하다.

커피꽃의 꽃잎은 기본적으로 5장이며 로부스타 꽃이 아라비카 꽃보다 더 소담스럽게 열리고 크기도 살짝 더 크다. 돌연변이로 꽃잎이 6장인 경우도 자주 눈에 띈다.

실제적인 커피꽃 크기는 어른 손가락 한 마디 정도의 크기밖에는 되지 않는다. 아라비카 품종 중 티피카종이나 예가체프종 등의 꽃잎 장이 날씬하고 예쁜 편이며 다른 아라비카 품종은 꽃잎장이 조금 둔탁한 편이다.

꽃이 피고 지는 자리에는 체리 열매가 열리는데 로부스타는 15개 내외로 열리고, 아라비카는 10개 안쪽으로 열린다. 로부스타가 꽃도 더 많이, 그리고 열매도 더 많이 열리는 것으로 알려져 있다.

그리고 천연 야생종보다는 농장 재배종이, 산속의 그늘 재배(Friendly Shade)보다는 태양 볕 아래의 커피나무(Sun Growing)가 더 많은 열매를 맺음은 말할 나위도 없다.

아라비카는 꽃이 지고 나서 7, 8개월 정도가 지나면 열매가 익어 수확이 가능한 반면 로부스타는 꽃이 지고 나서 10개월가량 지나야 열매가 익어 수확할 수 있다.

아라비카 꽃

로부스타 꽃

5 커피 재배

농장에 따라 그늘재배 또는 천일재배의 형태를 따른다.

인위적으로 커피의 생육에 영향을 미치지 아니하는 천연 야생커피나 고품질의 커피를 재배하는 농장의 경우는 자연스럽게 자연 친화적 생태 그늘 환경(Friendly Shade)이 형성된다.

키 큰 수종의 나무들은 그늘막을 형성해 그 아래에서 자라는 키 작은 커피나무를 강한 햇살과 비, 바람 등으로부터 보호해주며 수분조절 효과를 가져온다. 또한 각 수종 간에 서로 도움을 주고받을 수 있는 미생물의 번식도 도와 자연 친화적 재배환경을 조성해 준다.

음지에서 자란 커피는 양지에서 재배된 커피와 비교하여 생산량이 1/2로 줄어드나 커피를 수확할 수 있는 수령이 30년 이상까지 지속되므로 양지에서 재배된 커피나무 수확 수령의 2배가 훌쩍 넘어간다. 또한 커피의 맛은 쓴맛이 적고 단맛이 잘 올라와 더욱 고급스러운 커피로 평가받는다.

실지로 학술연구에 의하면 생두에서 단맛의 기본이 되는 탄수화물 중 분자 수가 적어 분명한 단맛으로 연출되는 대표적인 단당류인 포도당(Glucose), 이당류인 과당(Fructose), 자당(Sucrose)의 함량이 일반적인 천일 재배(Sun Grown)일 경우 0.1%를 갓 넘으나, 그늘 재배(Shade grown)의 경우 두 배 가까이 증가한 2% 이상을 보인다. 단, 너무 그늘 아래에서만 성장할 때에는 단맛이 다시 감소되는 경향도 있다.

	그늘 재배(Shade Grown)	천일 재배(Sun Grown)
장점	- 열매가 천천히 성숙하며 커피콩의 크기가 커지고 당도가 높아진다. - 나무의 생장력이 강해지고 수명이 늘어난다. - 가뭄기간이 길어도 커피나무의 식생을 보호할 수 있다. - 셰이드 트리로 그늘 재배를 하는 경우에는 셰이드 트리가 유기물질들을 생산하고 이로운 미생물이 활동할 수 있게 하므로 생태계에 도움을 준다.	- 단위 면적당 생산성이 올라간다. - 커피나무의 성장이 빨라 묘목의 생산시기를 앞당길 수 있다. - 대량 재배, 대량 수확 등의 관리가 용이하다.
단점	- 단위 면적당 생산성이 떨어진다. - 인위적으로 셰이드 트리를 식재할 경우 지속관리가 필요하다. - 셰이드 트리를 잘못 선택하면 커피나무의 영양을 빼앗아 갈 수 있다.	- 열매의 생산성은 높아지지만, 품질의 향상을 꾀하기는 어렵다. - 나무의 생장력이 약해지며 수확 가능한 수령이 줄어든다. - 가뭄이 길어지면 커피나무에 치명적이다.

⑥ 수확

커피 수확 방법으로는 기계수확, 스트리핑(Stripping)과 핸드피킹(Hand Picking)이 있다.

한 알 한 알 잘 익은 커피 알만을 선별해 손으로 따나가면 더할 나위 없이 이상적이겠지만 커피 또한 투입되는 시간과 비용을 논할 수밖에 없는 상품이기에 가장 효과적인 방법을 동원해 커피수확에 나서는 것이 합리적이다.

커피체리가 익는 과정

1) 기계수확

기계수확은 커피나무가 열을 맞추어 잘 도열되어 있고, 머신의 이동통로가 확보되어 있는 중남미의 대규모 농장에서 시행되고 있고, 아시아나 아프리카의 작은 농원에서는 사용되지 않는 수확방식이다.

트랙터처럼 커다란 기계가 길 양쪽으로 도열한 커피나무의 가지를 치고 흔들어 열매가 아래로 떨어지게 해 수확하는 방식으로 사실 좋은 품질의 생산방식하고는 거리가 꽤 있다.

커피 생산 선진국인 브라질 등에서는 대량생산을 위한 시스템으로 필수적으로 기계수확을 사용하면서도 기계가 나뭇가지를 흔들어대는 강도를 조절하여 잘 익은 것만 떨어지게 한다든가 수확 후 선별에 좀 더 신경을 쓴다든가 하는 방법으로 저급하면서도 대중적인 품질에서 탈피하고자 하는 노력이 있기는 하다. 그렇지만 인간의 시선과 판단으로 잘 익은 체리를 선별해 수확하는 방법을 따라올 수는 없다.

기계수확의 원리

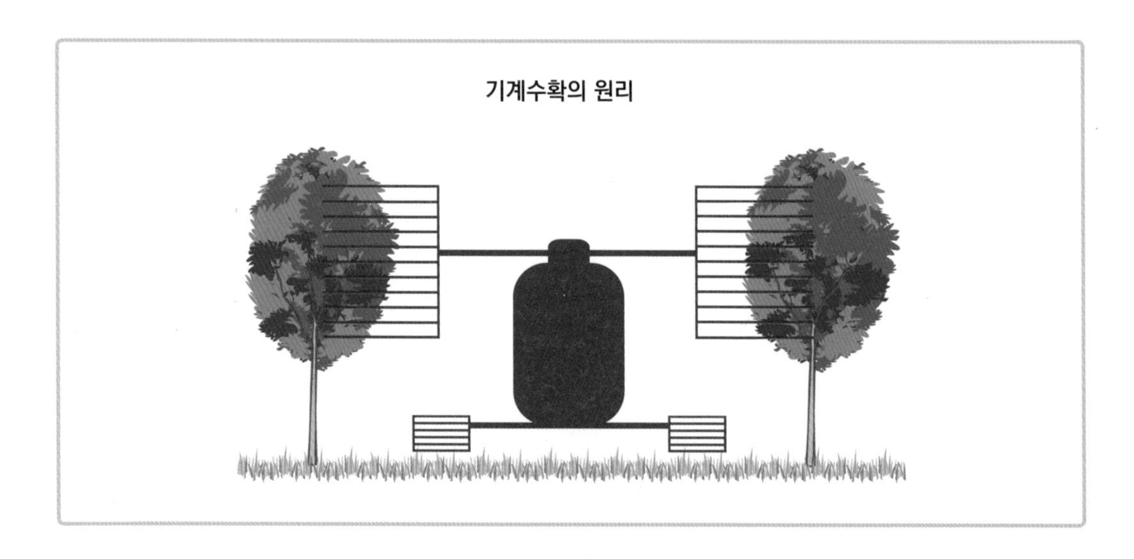

나무와 나무 사이의 간격으로 수확기계가 지나면서 양쪽의 나뭇가지를 흔들어 열매를 떨어뜨리며 아래에서 받치고 걷는다.

2) 스트리핑

스트리핑은 가지에 일렬로 열린 커피열매를 막대기 또는 손으로 주욱 훑어 땅바닥 또는 미리 받쳐 놓은 마대나 천 등으로 떨어트리는 방법이다.

스트리핑의 경우 나뭇가지를 훑어서 떨어진 커피체리가 흙 위에 떨어지면 상처가 나거나 곰팡이균 등에 의한 2차감염의 우려도 있다. 또한 잘 익은 체리와 덜 익은 체리가 일괄적으로 수확됨으로써 주로 대량생산이 주종인 농장재배나 질이 떨어지는 커피 생산에 쓰인다. 기본적으로 내추럴로 가공하기 위한 커피의 수확방법이다.

스트리핑을 하는 커피나무의 경우 대개 과성숙 이후 수확에 나선다.

열매가 균일하게 익어가지는 않으니 가지에 푸른 열매가 달려있는 것을 같이 수확하는 것보다는 마지막 한 알까지 다 익은 후에 수확하는 편이 그래도 조금 더 낫기 때문이다.

농장에 따라 스트리핑을 맨손으로 하지 않고 나무 막대기 등의 도구를 사용하기도 하지만 커피나무에 생채기를 내어 생산성에 좋지 않은 영향을 미칠 수 있기에 그다지 많이 사용되지는 않는다.

스트리핑에서는 방법 자체의 문제라든가, 덜 익은 체리의 수확에 관한 우려보다는 사실 수확을 용이하게 하기 위하여 적정 수확 시점을 넘기고 과성숙 상태에서 수확을 한다는 점과, 흙 위에 떨어져 생채기가 난 체리도 모두 같이 섞여 상품화가 된다는 데 보다 더 문제점이 있다고 보인다.

스트리핑하는 모습, 덜 익은 열매가 많이 섞여 있다.

3) 핸드피킹

핸드피킹은 눈으로 보고 판단하여 잘 익은 열매를 선별하여 손으로 일일이 한 알 한 알 수확하는 방법으로 자연채집 또는 질 좋은 커피 생산에 주로 쓰인다.

예전의 저급한 품질의 내추럴커피는 생산단가를 맞추기 위하여 거의 무조건 스트리핑을 사용해 수확했으나 최근에는 고품질의 내추럴 커피가 나오면서 역시 핸드피킹으로 선별수확을 하기도 한다.

핸드피킹으로 수확된 커피는 주로 워시드 기법으로 생산되고 스트리핑으로 수확된 커피는 내추럴 기법으로 생산되나 반드시 일치하는 것은 아니고 생산지의 여건이나 생산 전통 등에 따라 달리 선택되기도 한다.

핸드피킹하는 모습

	장점	단점
기계 수확	대량재배, 대량수확이 가능하다. 인건비가 대폭 절감된다.	잘 익은 체리를 선별 수확하기 어렵다. 재배지역이 평탄하고 넓어야만 가능하다. 커피나무의 손상이 가장 크다.
스트리핑	비교적 빠른 속도로 수확이 가능하다. 재배지역이나 농장의 경사도 등의 영향을 받지 않는다.	잘 익은 체리를 선별 수확하기 어렵다. 미성숙두나 과성숙두가 많이 섞인다. 커피나무에 손상을 줄 수 있다.
핸드피킹	잘 익은 체리를 선별 수확할 수 있다. 재배지역이나 농장의 경사도 등의 영향을 받지 않는다.	작업효율성이 가장 떨어진다. 인건비 부담이 가장 크다. 잘 익은 체리를 고르는 숙련된 노동인력이 필요하다.

7 펄핑

1) 펄핑의 의의

많은 커피 전문가들은 커피의 맛이 생두에서 이미 60% 이상이 결정된다고 이야기한다. 그 커피 맛에서 핵심 역할을 하는 것이 바로 커피 펄핑 과정이다.

수확된 커피체리는 목적에 맞추어 펄핑 처리되는데, 이를 풀리 워시드(Fully Washed), 세미 워시드(Semi Washed), 내추럴(Natural) 등의 이름으로 부른다.

커피 생두가 가진 유전적 특성과 자라난 성장 환경 이외에도 바로 이 수확 후 발효와 펄핑의 과정에서 여러 가지 기대되는 맛들이 형성된다.

깔끔하고 고급스러운 산미를 위해서는 워시드 가공을 하며, 특유의 향미와 단맛, 바디감을 위해서는 내추럴 가공을, 오직 단맛을 극대화하기 위하여 허니 프로세싱을 하기도 한다.

이 밖에도 브라질 등지에서 시행하는 커피나무 가지에 체리가 열린 채로 그대로 건조시키는 공법인 드라이 온 트리(Dry on Tree), 아프리카 지역의 이중 펄핑과 습식 펄핑, 그리고 맛을 깊게 하기 위한 특별한 펄핑 중 하나인 인도네시아의 길링바사(Gilingbasah : 영어명 Wet Hulling) 등 원하는 다양한 맛을 연출하기 위한 많은 펄핑 과정이 존재한다.

이는 각개 산지의 특수성과 소비자들의 니즈가 접목되어 적정한 시장 수요에 맞추어 조화롭게 이루어져야만 한다.

큰 맥락으로는 워시드와 내추럴로 구분한다.

워시드 vs 내추럴

	장점	단점
워시드 (Washed) 일명 습식법 (濕式法)	섬세하고도 깔끔한 향미를 살릴 수 있다. 전체적으로 균일한 상태의 생두로 가공된다. 산미와 복합적인 향미(Flavor)가 나오는 결과물을 얻을 수 있다.	물을 많이 사용하며 환경오염의 우려가 있다. 가공 과정에 비용이 많이 든다. 시설 설비를 위하여 투자가 필요하다.
내추럴 (Natural) 일명 건식법 (乾式法)	물을 사용하지 않으며 환경오염의 우려가 적다. 가공 과정에 비용이 적게 든다. 시설 설비를 위한 투자가 적다. 가공 후 부산물이 적다. 단맛과 바디가 좋은 결과물을 얻을 수 있다.	안 좋은 발효(醱酵) 향이 스며들 수 있다. 맛이 거칠어진다.

2) 워시드

워시드(Washed) 또는 습식법이라 하면 워싱 스테이션(Washing station : 물탱크)을 갖추어 놓고, 껍질을 제거한 커피체리를 담가 발효한 후 과육을 제거한 다음 말리는 공정을 말한다.

외과피가 제거된 체리는 바로 물탱크에 담겨 곧 발효와 세척의 과정을 거치게 된다.

풀리(Fully) 워시드는 물탱크 안에서 발효와 여러 번의 세척이 일어나므로 전체적으로 품질이 균일하다. 또한 공정과정상 웨트 파치먼트를 물탱크 안에 넣고 나서 발효시간 동안에 물에 뜨는 파치먼트들을 다시 걷어낼 수 있어서 로스팅 이후에 퀘이커들이 적어져 세미 워시드보다 일반적으로 상급의 품질이 된다.

발효는 물탱크 안에 들어간 커피콩의 밀도에 따라서 12시간에서 48시간 이내에 이루어진다. 콩의 밀도가 높으면 충분한 발효시간이 필요하나 너무 오랜 시간 발효되면 발효취가 커피콩에 스며들어 좋지 않은 향의 원인이 되기도 한다.

이렇게 일정시간 발효가 된 커피열매는 과육이 흐물흐물해져서 어느 정도의 마찰에도 쉽게 씻겨 나가게 된다.

이렇게 세척이 완료되면 드디어 커피체리의 붉은 껍질과 과육이 제거되고 커피콩을 감싸고 있는 하얀 파치먼트를 얻을 수 있다.

워싱 스테이션으로 들어가고 있는 파치먼트

풀리 워시드(Fully Washed) vs 세미 워시드(Semi Washed)

풀리 워시드(Fully Washed)와 세미 워시드(Semi Washed)의 구분은 상대적이다. 물이 풍부한 중남미의 대형 농장들의 경우 펄핑 후 7, 8회 이상 세척을 반복하나 물이 부족한 남태평양의 섬나라들은 두세 번의 워싱 작업이면 풀리 워시드라 칭하기도 한다.

심지어 물이 귀한 섬나라는 물탱크를 갖추고 충분히 담가 발효의 과정만을 거친다면 풀리 워시드라 칭한다.

심지어 물탱크 없이도 발효되는 기간 동안 적절히 물을 뿌려주어 충분히 발효의 시간을 거치고 깨끗이 씻어준다면 이 또한 풀리 워시드로 분류하기도 한다.

기본적으로 풀리 워시드에서는 껍질이 제거된 체리가 충분히 물탱크에 잠기어 물속에서 발효가 일어나고, 일정시간이 경과된 후 발효된 과육을 씻어내는 작업이 이루어진다. 따라서 파치먼트의 빛깔이 곱고 깨끗하며 생두의 잡맛과 잡향들이 물에 여러 번 씻겨 제거되어 오히려 아로마 향이 깊이가 있고 깨끗해진다. 이를 통해 섬세하고도 고급스러운 취향에 걸맞은 커피가 만들어진다.

세미 워시드(Semi Washed)의 경우 일단은 체리 외피가 제거는 되나 과육이 충분히 씻겨지지 않은 채로 건조단계에 들어가기에 풀리 워시드보다는 맛과 향에서 깊이가 떨어지며 그 정도에 따라서 내추럴 가공 생두의 맛을 내기도 한다.

세미 워시드의 경우도 세척의 과정에서 많은 물을 사용할 수 있다면 보다 깨끗한 파치먼트를 얻을 수 있으나 세미 워시드로 가공하는 이유가 물이 부족해서라는 것을 감안하면 세척에 많은 물을 사용하기에는 어려운 것이 현실이다.

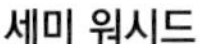

세미 워시드

풀리 워시드

3) 내추럴

내추럴 공정 중에 있는 체리

건식법이라고 불리는 내추럴(Natural) 가공법은 커피체리의 붉은 외피를 제거하지 않은 채로 그대로 태양 아래 건조시킨 후 과육의 분쇄가 가능한 함수율까지 건조가 진행되면 이를 탈각하여 생두로 가공하는 방법이다.

내추럴이라는 말 그대로 체리를 자연 그대로 태양 아래서 건조시키기에 특별한 시설 장비가 필요하지 않아 후진국형 생산방식이며, 건조과정에서 많은 잡향이 스며들 수 있다. 과육으로부터 스며드는 발효취와 고유의 향은 내추럴커피의 맛을 더 풍부하게 해주는 특성이 되지만 기본적으로는 발효된 불쾌한 향으로 변질된다.

실제로 아프리카의 G3, G4등급의 커피가 대부분 내추럴이며 저렴한 브라질 커피 또한 펄프드 내추럴이다.

따라서 과거에는 저급한 커피 생산에 주로 쓰였으나 최근에는 다양한 소비자들의 취향에 따라 내추럴 가공의 개성 있는 맛을 원하는 커피 애호가들이 늘어나 생산량도 같이 늘어나는 경향을 보이고 있다.

게다가 비록 거칠고 불균일한 맛을 연출하나 단맛과 바디감이 좋고, 물을 사용하지 않아 오폐수를 발생시키지 않는 친환경성이 부각되며, 또한 생산단가도 상대적으로 현저히 저렴해 경쟁력을 다시 찾아가는 추세이다.

다양한 기호가 존재하고 이를 충족시키기 위해 고급화된 내추럴의 수요도 늘어가고 있다. 이들은 지상의 아프리칸 베드(African bed)에서 정성을 들여 체리를 건조시키면서 좋지 않은 퍼멘티드의 향을 과일 향으로 승화시키고 성공적인 마케팅을 통하여 내추럴에 새로운 이정표를 제시하고 있다.

좌측은 건조완료, 우측은 건조시작

아프리칸 베드를 사용해 내추럴 공정 중인 체리

브라질의 펄프드 내추럴

브라질에서 주로 사용하는 내추럴 방법으로 체리의 외과피(Red Skin)를 제거한 후 그대로 햇볕 아래 건조하는 방법이다.

파치먼트에 달라붙은 과육인 점액질(Mucilage)은 제거하지 않은 채로 건조에 들어간다. 브라질의 경우는 습도가 낮아 점액질이 건조 중에 발효되지 않아 발효취가 잘 나지 않으며 건조단계가 완료되면 쉽게 부스러져 제거된다.

일반 내추럴 방식보다 건조 시간이 줄어드는 장점도 있다. 그리고 건조 중에 과육이 햇볕에 노출되면서 발효가 진행될 가능성이 줄어드는 부분도 내추럴의 단점을 보완한다. 내추럴 커피 특유의 발효취나 거친 잡향 등은 현저히 적지만 생두의 모양이나 색깔은 워시드에 비하여 깨끗하지 못하다.

과육의 점액질에서 나는 단내가 커피 생두에 묻어나며 역시 단맛과 바디감이 좋아진다. 펄프드 내추럴 특유의 초콜리티하면서도 진한 맛도 잘 살아나지만 고급생산보다는 대량생산용으로 주로 쓰인다.

4) 길링바사

길링바사 가공이 완료된 생두

길링바사는 인도네시아 수마트라 지역에서 시작된 커피 생두의 펄핑 방법으로, 변형된 풀리 워시드의 일종으로 볼 수 있다.(일부 학자에 따라서는 세미 워시드의 일종으로 보기도 함) 해외문헌에서는 이를 그냥 젖은 탈곡(Wet Hull)으로 명명하기도 하고, 만델링 공법(Mandheling Process)으로 부르기도 한다.

다른 지역의 펄핑 방법과 크게 다른 점으로는 보통 펄핑을 한 후 커피 파치먼트를 훌링 머신(Hulling Machine : 파치먼트를 탈각하는 기계)으로 쉽게 깰 수 있도록 함수율 12-13% 내외로 건조한 후 탈각하는 데 반하여, 길링바사는 함수율 20-30% 내외까지만 건조하고 훌링 머신으로 파치먼트를 분쇄한 후 생두 상태로 다시 건조대에서 12-13%까지 건조하는 것이 특징이다.

다시 말해 보통의 생두 펄핑의 경우 파치먼트 상태로 건조하는데, 이 공법은 어느 정도 건조가 되면 파치먼트를 까내고 생두 상태 그대로 뙤약볕에 노출시켜 건조한다는 큰 차이가 있다.

일반 생두가 펄핑 → 건조 → 탈각 과정을 거치는 것과는 달리 길링바사 생두는 펄핑 → 건조 → 탈각 → 건조의 과정을 거치며 단계가 늘어나 관리감독과 품질관리가 더 어려워지는 단점도 있다.

그러나 프로세싱 기간이 길어짐에 따라 보다 섬세하게 결점두를 추출할 수 있어 공정기간만 충분하다면 푸른 물이 뚝뚝 떨어질 듯한 맑고 깊은 빛깔의 깨끗한 스페셜티급 생두를 공급할 수 있다.

비록 생산비용은 더 들어가지만 생두의 건강한 빛깔은 깊은 바다의 푸른빛을 닮게 되고 맛과 풍미가 깊어지며 단맛과 바디가 증대되는 효과를 가져 온다.

현재 길링바사로 커피 펄핑을 하는 나라는 인도네시아를 시작으로 하여 몇몇 나라에 불과하며 수마트라섬 외에도 슬라웨시, 플로렌스 등 몇 군데의 농장에서 시행되고 있다.

5) 허니 프로세싱

허니 프로세싱은 세미 워시드의 일종으로 볼 수 있다. 단어 그대로 발효 과정 중에 커피체리의 과육을 살려 그 맛을 생두에 영향을 미치게끔 해 단맛을 최대한 이끌어내는 것을 목적으로 하는 펄핑 공법이다.

코스타리카에서 처음 시도된 이후로 좋은 반응을 얻고 있어 세분화되고 구체적인 여러 방법과 이름이 최근 들어 속속 등장하고 있다. 그러나 실제 생산현장에서는 획일화되고 교과서적인 방법론이 아니라 각기 현지의 상황에 맞는 방법이 적절히 응용되어 사용된다. 실제로는 커피의 과육을 이용해 단맛을 끌어내기 위해 상황에 맞는 여러 가지 방법들이 경계 없이 시도되고 있다.

일정 당도를 유지하고 일정량의 과육을 남겨 펄핑하여 아프리칸 베드(African Bed) 등 특정 장소에서 말리는 등의 교과서적인 구분은 책으로밖에 접할 수 없는 커피 소비국에서 정의하는 바에 불과한 것이다.

아프리칸 베드를 사용 중인 허니 프로세싱

펄핑이 끝나고 뮤실리지가 드러난 모습

다양한 허니 프로세싱 공법

말 그대로 꿀처럼 단맛을 목적으로 하는 허니 프로세싱은 모두 커피체리의 과육을 활용하여 단맛을 배게 한다는 공통점이 있다.

가공기술의 발달에 따라 여러 이름으로 분화되었으며 펄핑 과정에서 과육이 눌러 붙어있는 파치먼트의 색을 기준으로 여러 종류의 이름을 붙인다.

큰 맥락으로는 블랙허니를 제외하고는 세미 워시드(Semi Washed)의 일종으로 볼 수 있다.

다음은 가공시간이 짧은 순으로 열거한 여러 허니 프로세싱의 명칭들이다.

❶ 화이트 허니(White Honey)

외피와 과육을 거의 제거하고 발효탱크에서 잠깐의 발효과정을 거치면 점액질이 분해되고 하얘지며 파치먼트의 본래 색인 흰색에 가까워진다.

❷ 옐로 허니(Yellow Honey)

약간의 점액질을 남기고 건조과정에 들어가면 살짝 발효와 변색을 거치는 점액질이 노란색을 띠게 된다.

❸ 레드 허니(Red Honey)

외피만을 제거하고 과육은 별도의 제거과정을 거치지 않고 말리기 때문에 붉은빛이 돌며 펄프드 내추럴(Pulped Natural)이라 볼 수 있다.

❹ 오렌지 허니(Orange Honey)

외피와 과육을 전혀 벗기지 않고 체리 그대로 발효조에 담가 놓았다가 외피와 과육을 제거해 건조시키는 방법이다.

❺ 블랙 허니(Black Honey)

가장 최근에 나온 가공법으로 체리의 외피만을 제거하고 과육은 별도의 제거과정 없이 그대로 하루는 뙤약볕 아래 건조과정을 거치고 또 하루는 햇볕이 들지 않는 곳에서 천이나 비닐 등으로 덮어 천천히 말리는 과정을 반복하여 단맛을 최대화한다.

때로는 건조와 숙성을 반복하지 않고 그늘에서 오랜 기간(25일 이상) 그냥 말리기도 한다.

실험실의 다양한 허니 프로세싱

8 드라이

커피 펄핑이 완료되면 수반되는 작업이 파치먼트 건조작업이다.

워시드 펄핑을 갓 끝낸 파치먼트는 수분함유율이 40%에서 많으면 50%까지 이르나 햇살이 좋은 날 탈각이 가능한 수분함수율을 12-13%로 떨어뜨리는 데까지는 보통 5-6일 정도 소요된다.

공장이나 대형 농장에서는 주로 파티오(Patio - 콘크리트로 조성된 건조대) 위에서 말리는 작업이 이루어진다.

대형 공장의 경우는 납기일을 맞추기 위하여나 인건비를 절감하기 위해 대형 드라이기를 사용하

넓게 펼쳐진 농장의 파티오

파치먼트 뒤집기 작업

기도 한다. 뜨거운 바람을 쏘아주어 강제로 건조하는 대형 드라이어 기법이나, 건조룸(컨테이너)이나 회전하는 드럼에 열을 가해 건조하는 기법 등이 사용된다.

대형 드라이기를 사용하면 커피의 맛은 풀리 워시드라 하더라도 내추럴의 방향으로 흐르게 된다. 다시 말해 약간의 발효취가 섞여 상품성이 조금 떨어진다고 보아야 한다. 기본적으로는 장시간 천일건조에 의한 선 드라이(Sun Dry)가 가장 좋은 품질을 보증한다.

⑨ 훌링(Hulling, 탈각), 선별(Sorting), 포장 후 송출

건조가 완료된 커피 파치먼트는 반드시 가공 과정을 거쳐야 생두로 탄생된다.

쌀과 같은 곡식을 탈곡하듯 커피 생두를 감싸고 있는 파치먼트를 벗겨내야 비로소 커피 생두가 그 모습을 드러내는 것이다. 이를 훌링(Hulling)이라 하며 파치먼트를 분쇄하는 기계인 훌링 머신은 파치먼트를 마찰하여 안에 있는 그린 빈을 끄집어내는 역할을 한다.

여러 가지 훌링 머신

훌링이 완료된 생두는 선별의 과정을 거친다.

사이즈별로 분류하는 스크린 소팅(Screen Sorting, Screening)과 결점두 소팅이 있다.

Tip

생두의 크기를 나타내는 용어인 스크린 사이즈(Screen Size)

스크린 사이즈 1은 생두의 가로 작은 폭이 1/64인치란 의미로, 약 0.4mm이다.
보통 국제간의 거래상 스크린 사이즈 16(작은 폭이 약 6.4mm) 이상이면 무난히 유통되는 커머셜급으로 보고 14 이상부터는 해외 송출 가능한 크기로 간주한다

결점두 소팅은 저개발 국가에서 인력으로 행해지는 핸드 소팅(Hand Sorting)과 대량재배와 대량 생산 시스템이 갖추어진 곳에서 행해지는 머신 소팅(Machine Sorting)이 있다.

완전 기계화 작업이 이루어지는 곳에서는 다음과 같은 공정으로 진행된다.

❶ 프리 클리닝(Pre Cleaning)

탈각(Hulling)이 이루어지기 전에 프리클리너(Pre Cleaner)로 바람과 진동을 이용해 이물질들을 날려 보낸다.

❷ 디스토닝(Destoning)

파치먼트에 돌이 있는 경우 탈곡과정에 기계에 손상을 줄 수도 있고, 돌이 분쇄되어 생두 사이에 섞일 우려도 있으므로 경사지고 많은 홈과 굴곡이 있는 진동판 위에서 흔들어 마치 키질과 같은 원리로 돌을 제거한다.

❸ 탈곡(Hulling)

파치먼트를 분쇄하는 탈곡을 한다.

❹ 사이즈 분류(Screening)

철망 구조로 되어 파치먼트가 탈각된 생두가 떨어지면 이를 강하게 흔들어 철망 사이로 빠져나가게 한다. 이때 사이즈가 큰 생두는 철망을 못 빠져나가 큰 등급으로 분류되고 사이즈가 작은 생두는 철망을 빠져나가 작은 등급으로 분류된다.

❺ 그래비티 소팅(Gravity-Sorting)

중력과 원심력 그리고 밀도를 이용하여 분류하는 장치로 돌 등의 이물질은 밀도가 높고, 부실한 콩이나 결점두는 밀도가 낮아 이들을 분류해 낸다.

❻ 컬러 소팅(Color Sorting)

레이저로 목적물의 색을 감지하여 이상색을 띤 물질을 압축공기로 튕겨내는 장치인 컬러소터(Color Sorter)를 이용해 결점두들을 골라낸다. 색도 감지를 이용해 생두 본연의 색의 범주를 벗어난 흑두나 백화현상이 나온 콩을 선별할 뿐만 아니라 가시광선 외의 적외선이나 자외선을 이용하여서도 결점두를 선별한다.

❼ 매뉴얼 소팅(Manual-Sorting)

마지막으로는 수작업으로 소팅작업을 완료하는 것이 가장 이상적이며 기계에 의한 결점두 선별을 하더라도 사람 손을 한 번 더 거치는 것이 바람직하다.(Double Hand Sorting)

⑩ 결점두의 종류

다음은 SCAA(Specialty Coffee Asociation of America)의 분류기준에 따른 결점두의 종류이다.

종류	특성
블랙빈 (Black Bean)	콩의 안팎이 모두 딱딱하고 검게 변질된 경우 너무 늦게 수확했거나 흙 위에 떨어져 발효가 된 경우 등, 생두 내부적 문제로 주로 발생한다. 커피 맛에 치명적으로 페놀릭(Phenolic)한 맛이나 신맛(Sour), 발효된 맛(Fermented) 등으로 나타난다.
사워빈 (Sour Bean)	콩의 안팎이 모두 누렇거나 주황색 또는 갈색을 띠고 있는 경우 블랙빈이 되는 과정에서 멈춘 것으로 생두에서도 신향이 나며 원두 상태에서도 시큼한 맛이 난다.
파드(Pod), 마른체리	체리가 펄핑이 되지 않고 그대로 말라 생두에 섞여 있는 경우 로스팅 시에 제거는 되지만 내부에 있는 생두가 텁텁해지는 원인이 된다.
곰팡이두 (Fungus Damaged Bean)	곰팡이균에 감염되어 푸른색이나 누런색을 띤다. 때로는 육안으로 노출된 곰팡이가 보이기도 한다. 주로 보관상태가 안 좋거나 습한 곳에 오래 두었을 때 발생한다.
이물질 (Foreign Matter)	가공이나 포장 중에 이물질이 들어가는 경우 주로 돌, 못, 비닐, 나뭇가지, 다른 종류의 곡식들이 섞일 수 있다. 특히 파치먼트 건조대인 파티오(Patio)가 시멘트로 되어있으나, 열대의 강한 햇볕에 부식되어 조각이 떨어져 나와 이물질로 자주 섞이게 된다. 돌이나 못은 추출장비에 심각한 손상을 주지만 같은 돌이라도 파티오 조각은 부식되어 떨어져 나왔기에 상대적으로 덜 심각한 손상을 준다.
벌레먹은 콩 (Insect Damaged Bean)	해충에 의해 생두의 일부가 손상을 입어 구멍이 나거나 부분이 유실된 경우 작은 구멍은 맛에 크게 영향을 미치지는 않으나, 큰 구멍이나 부분이 유실된 경우는 더티(Dirty)한 맛이나 신(Sour)맛의 원인이 된다.
파치먼트 (Parchment)	파치먼트가 탈각이 채 이루어지지 않은 채로 생두에 섞여있는 경우 로스팅 시에 제거는 되지만 내부에 있는 생두가 텁텁해지는 원인이 된다.
퀘이커 (Quaker)	발육과정의 불안으로 콩 안에 유기물질이 부족해진 경우 생두 상태에서는 구분이 어려우며, 로스팅 시에 유기물질에 의한 갈변반응이 일어나지 않아 색도가 유난히 하얗게 나타난다. 건조하고 텁텁한 맛을 낸다.
물에 뜨는 콩 (Floter)	색이 바랜 콩으로 밀도가 낮아서 물에 뜨고, 퀘이커와 달리 육안으로 생두 상태에서 쉽게 구분된다. 텁텁한 맛의 원인이 된다.
쭈글쭈글한 콩 (Withered Bean)	생두의 표면이 쭈글쭈글한 경우 체리가 성장하는 동안에 충분한 수분이나 영양이 공급되지 않아 정상적인 성장이 이루어지지 않은 상태이다. 짚과 같은 텁텁한 맛을 낸다.

미성숙두 (Immature)	덜 익은 상태에서 수확되어 가공된 경우 덜 여물어 내과피(Silver Skin)가 쉽게 분리되지 않고 단단하게 붙어있으며 생두의 양쪽 끝이 뾰족하다. 풋맛과 떫은맛의 원인이 된다.
쉘 (Shell)	안쪽으로 말려들어간 것과도 같은 생두 구조에서 안쪽으로 말려들어간 부분 없이 그냥 조개껍데기처럼 바깥 부분만 있는 경우 유전적인 원인이나 가공과정에서 깨진 경우가 있다. 얇고 납작해 열을 쉽게 받아 로스팅 후 탄맛이나 쓴맛의 원인이 된다.
깨진 콩 조각 (Broken Bean)	탈곡과정이나 기타 가공과정에서 생두가 깨져 조각이 난 경우 로스팅 시 크기가 달라 배전이 고르지 않게 되고, 깨진 단면에서 열을 받아들이는 게 달라 탄맛이나 쓴맛의 원인이 된다.
마른 껍질 조각 (Husk)	마른 체리조각이 가공과정에서 들어간 경우 주로 내추럴 커피에서 나오며 로스팅 시에 없어지나, 로스터기 드럼 안에서의 연소는 깔끔하지 못한 맛의 원인이 된다.

⓫ 디카페인 커피

1) 카페인

차나 커피 등에 함유되어 있는 염기성의 물질인 알칼로이드(Alkaloid)의 일종으로 신경계를 흥분시키는 약리적 작용이 있는 백색결정의 물질이다.

무색무취이나 강한 쓴맛을 지니고 있다. 커피에 포함된 무기물질로 대표적 쓴맛을 내는 트리고넬린(Trigonelline)보다도 수 배의 강한 쓴맛이 있다.

카페인은 아라비카보다는 로부스타에 더 많이 함유되어 있다. 아라비카는 생두 내에 1-1.5%가량 함유되어 있으나 로부스타의 경우는 2-2.5%가량 함유로 거의 두 배 가까운 양이다.

카페인의 화학구조는 $C_8H_{10}N_4O_2$ 으로 탄소, 수소, 질소, 산소로만 이루어진 유기물질이다.

녹는점은 235도 내외로 열에 강해 로스팅 시에 소실되지 않는다.

물에도 잘 용해되어 높은 온도의 물에서는 거의 대부분 용해되어 추출된다.

2) 카페인의 효능

인간이 활동을 계속하다 보면 뇌에 신경전달물질 중 하나인 아데노신(Adenosine)이 축적된다. 이 아데노신은 여러 단계를 거쳐 카페인화된다. 아데노신과 비슷한 분자구조인 카페인이 아데노신과 결합하면 원래 물질인 아데노신끼리의 결합을 방해해 피로감을 덜어준다.

심장박동을 증가시키지만 혈관을 수축시켜 혈압을 높이고 흥분작용을 하기도 한다.

또한 간을 자극해 혈당을 분비시켜 근육에 운동을 할 수 있는 준비를 해준다. 카페인이 아데노신이 근육에 흡수되는 것을 막으니 칼슘은 더 생성된다. 이렇게 해서 카페인은 인간의 활동에 활력을 주고 피로를 극복하게 해주는 것이다.

전 세계적으로 약 15만 톤에 이르는 카페인의 소비는 거의 대부분 차와 커피를 통하여 이루어지고 있다.

카페인의 긍정적 효과로는 다음과 같은 것이 있다.

① 인류가 커피를 마시게 된 가장 큰 이유로 카페인의 효과를 꼽는 것처럼 중추신경계에 작용하는 약리작용으로 피로를 극복하고 정신을 맑게 해준다.
② 심장박동을 촉진시키고 혈류를 상승시켜 의학적으로 심장병 예방에 도움이 되고 정신적으로는 현대인의 의욕증가나 기분 전환에 도움을 준다.
③ 커피 안에 들어있는 클로로제닉산(Chlorogenic acid)과 더불어 노화의 주원인인 활성산소(Oxygen free Radical)로부터 인체를 보호하는 대표적 항산화 물질이다.
④ 신진대사를 활발히 해주고 운동효과를 높이며 지방 연소에 도움을 주어 다이어트에 긍정적 효과를 준다.
⑤ 각종 질병(당뇨, 파킨슨병, 저혈당쇼크, 암 등)의 발병을 저해하는 연관요소가 있다.

3) 디카페인 커피(Decaffeinated Coffee)

카페인에 대한 여러 긍정적 효과에도 불구하고 개인적으로 지나치게 민감한 반응을 보이는 경우도 있다.

대표적 사례로 심장의 과박동이나 불면증 등을 들 수 있다.

그 밖에도 칼슘의 흡수율을 저하시키고, 혈류의 흐름을 상승시키면서 혈관을 수축시켜 두통 등의 원인이 될 수도 있다.

디카페인 커피 생두

개인에 따라 과다섭취하면 손떨림이나 눈떨림 등의 미세운동 조절능력이 저하되고 뇌졸중 등의 심혈관계 질환을 유발할 수도 있다.

따라서 커피의 향미는 그대로 즐기지만 카페인만을 피하기 위해 카페인이 제거된 커피 생두인 디카페인 커피가 개발되었다.

주로 증기를 쐬어 콩의 조직을 부풀린 후 용매를 사용하여 카페인을 제거하는 방법을 사용해 왔다.

현재는 100여 년 전에 스위스에서 개발된 공법인 스위스 워터프로세스(Swiss Water Process)가 가장 많이 쓰인다.

생두를 뜨거운 물에 넣어 물에 녹는 많은 수용성 물질들을 녹여낸다. 이때 대부분의 카페인도 용해되어 나온다. 이 용액을 활성탄소(Carbon Filter)로 걸러내면 커피 향미의 원인이 되는 많은 수용성 물질들은 통과하고 분자구조가 큰 카페인만이 걸러져 제거된다. 이렇게 만들어진 물이 스위스 워터(Swiss Water)이다.

디카페인 커피를 만들 생두를 스위스 워터에 담그면 카페인만이 녹아 나온다.

이 용액에는 이미 생두의 많은 수용성 향미 발원물질들이 가득 녹아있기 때문에 더 이상의 수용성 성분들은 추출되지 않는다. 오직 카페인만 없기 때문에 카페인만 추가로 녹아나오게 된다.

이렇게 하여 생두의 카페인만을 제거하고 다시 건조시켜 디카페인 커피를 만든다.

카페인 제거는 거의 99% 이상 이루어지지만 물에 용해되고 다시 건조되는 과정에서 생두의 조직이 많이 변성되고 향미 또한 손실된다. 따라서 원래 생두가 가진 커피 맛과는 다른 맛이 발현되고 맛의 깊이 또한 저하되어 그다지 대중화되고 있지는 못하다.

Coffee

IV

추출

추출

1 커피 맛 원리의 이해

1) 쓴맛

커피의 쓴맛은 주로 트리고넬린(Trigonelline), 클로로제닉산(Clorogenic acid), 카페인(Caffeine), 퀴닉산(Qunic acid) 등에 기인한다. 위 물질들은 커피원두에 3-5% 정도가 함유되어 있다.

주로 알칼로이드(Alkaloid) 성분이 녹아있는 액체에 혀의 감각수용체가 반응하여 느껴지는 것이 바로 쓴맛이다.

트리고넬린은 1% 정도의 성분으로 로스팅 시에 많이 분해되며 피리딘(Pyridine)과 퀴닉산(Quinic acid)으로 가수분해되기도 하고 일부는 불휘발성 물질 또는 향기물질 등의 성분이 된다. 로부스타에 많이 들어있어 로부스타의 특성 중 하나인 강한 쓴맛의 원인이 된다.

로스팅을 하면서 가수분해된 피리딘은 쓰면서도 구수한 맛을 내는데 이것이 로부스타 특유의 쓰지만 구수한 맛으로 발현된다.

0.5% 정도 함유된 퀴닉산은 뜨거운 물로 커피를 내리는 과정에서 공기와 수분을 더해 다시 가수분해되는 현상으로 인해 바로 떫으면서도 쓴맛을 강하게 느끼게 한다.

클로로제닉산은 최근 들어 몸의 노폐물을 제거해주고 활성산소를 억제하는 항산화 물질로 각광받고 있다. 생두 다이어트가 대두되는 이유 중 대표적인 원인물질이 바로 이 클로로제닉산이다. 로스팅을 강하게 할수록 원두 안에 있는 클로로제닉산이 감소한다. 때문에 익히지 않고 생두를 섭취하는 생두 다이어트가 유행하게 된 것이다.

특히 클로로제닉산은 식후에 마시는 커피 한 잔으로 식후에 급격히 높아지는 혈당수치를 낮추어 당뇨병을 예방하는 것으로 알려져 있다.

카페인은 트리고넬린이나 클로로제닉산보다도 쓴맛이 4배는 더 강하다.

피로 시 축적되는 아데노신의 결합을 방해하고, 간을 자극하여 혈당을 분비해 근육의 운동효과를 높여주는 등 여러 순기능들이 보고되고 있다.

그러나 쓴맛의 원인물질들은 기본적으로 식물이 포식자로부터 자신을 보호하기 위한 독성을 내포하기 때문에 지나친 음용은 치사량에도 이를 수 있다. 인간의 경우는 간의 해독 작용 없이 커피 약 100잔에 해당하는 분량을 동시에 음용해야 치사량에 이르니 큰 우려는 하지 않아도 된다.

2) 단맛

단맛은 에너지원이 되는 탄수화물 중 주로 당질(Glucide)이 원인이다.

탄수화물은 당질과 섬유질을 합쳐서 이르는 말이다. 이 중에서 섬유질은 추출 시 대부분 걸러지며 당질은 혀에서 단맛으로 작용한다.

탄수화물(Carbohydrate)은 식물체의 광합성으로 만들어진다. 이 중에서 당질은 탄소, 수소, 산소로 이루어진 유기화합물들이다.

당은 결합한 분자의 개수로 단당류, 이당류, 다당류로 나뉜다. 이때 결합분자의 수가 적을수록 우리의 감각수용체는 단맛을 더욱 강하게 느끼게 된다.

단당류는 한 개의 당분자에 들어있는 탄소의 개수로 1탄당부터 9탄당까지로 나뉜다. 커피에서 가장 중요한 물질들은 이 중에 6탄당이라 할 수 있다. 포도당(Glucose), 과당(Fructose), 갈락토스(Galactose) 등이 모두 6탄당이다.

당분자가 2개씩 결합하는 이당류 역시 커피의 단맛에 중요한 영향을 미친다. 대표적인 것이 자당(Sucrose), 젖당(Lactose), 맥아당(Maltose) 등이 있다.

다당류는 단맛이라기보다는 달게 느껴지는 역할을 한다. 전분, 덱스트린, 글리코겐, 셀룰로오스 등 대부분의 당질 성분이다.

커피콩의 당 함량은 매우 낮아 대표적으로 단맛을 이끄는 과당(Fructose), 포도당(Glucose), 자당(Sucrose)의 경우 0.1-0.2%에 불과하다.

때문에 커피의 단맛은 당 성분 때문에 유인된다기보다는 유기산과의 조화에 의존한다는 것이 맞을 것이다.

3) 신맛

식물이 자라면서 크랩스회로(TCA회로)를 통해 유기산을 생성한다. 또한 열과 화합하면서 로스팅 중에 유기산을 생성한다. 산성을 띠는 유기화합물을 모두 유기산이라 하지만 커피의 유기산들은 분자구조에 카르복실기를 갖는 카르복실산(Carboxylic acid)이 주류를 이룬다.

광합성으로는 구연산(Citric Acid), 사과산(Malic Acid) 등이 생성되고 로스팅 과정에서 초산(Acetic Acid), 젖산(Lactic Acid) 등이 생성된다.

로스팅 중에 생두의 온도가 올라가며 지속적으로 유기산들이 생성되다가, 1차 크랙과 2차 크랙 사이에 그 양이 정점을 찍고 2차 크랙 직전부터는 로스팅 프로세싱이 진행될수록 급격히 감소한다. 유기산을 최대로 발현하기 위해서는 배전도를 1차 크랙과 2차 크랙 사이인 휴지기에서 멈추는 중약배전을 한다.

이 유기산들이 커피의 신맛을 발현한다.

커피에서 느껴지는 신맛에 관한 두 가지 표현이 있다. 하나는 Sour(시게만 느껴지는 맛)이고 다른 하나는 Acidity(신맛과 단맛이 조화를 이루는 맛)로 여기서 중시되는 커피의 신맛은 당연 Acidity이다. 즉 단맛과 조화를 이루는 신맛이 특히 강조되는 것이다.

해발고도가 높은 곳에서 자라는 커피나무들이 낮과 밤의 극심한 기온차로 스트레스를 많이 받아 풍부한 유기산들을 생성해낸다. 이 풍부한 유기산들은 곧 커피 맛의 품질과도 직결된다.

유기산에는 많은 종류들이 있으며 이 유기산의 종류에 따라 각기 신맛의 종류를 달리한다.

❶ 구연산(Citric Acid)

커피 안에 들어있는 유기산 중에 가장 기본이 되는 유기산이다. 식물이 광합성을 하는 과정에서 생성되며 재배고도가 낮은 곳에서도 잘 생성된다. 잎에서 햇볕을 받으며 물과 이산화탄소로부터 유기물을 생성해 내는 것이다. 중후하다기보다는 밝은 신맛을 나타낸다.

❷ 사과산(Malic Acid)

커피나무가 구연산회로(Citric Acid Cycle)에서 생성된 당을 소화하여 다른 화합물로 변화하며 생성되는 유기산이다. 높은 고도의 커피나무에서 많이 발견되는데 낮은 기온 때문에 호흡의 시간이 길어져 산의 생성속도가 더디어 포도당과 자당이 많이 함유되기 때문이다.

청포도나 자몽 등에서 느껴지는 것처럼 신맛과 함께 올라오는 단맛이 조화를 이루는 사과산의 발현은 우아하고 세련된 고급커피로 평가 받는다. 그리고 입에서 느껴지는 산의 지속성도 구연산보다 길다.

❸ 인산(Phosphoric Acid)

인산은 특이하게 광합성이 아닌 토양의 성분을 커피나무의 뿌리가 흡수하며 생성된다. 당을 소화하면서 토양에 녹아있는 인과 결합하여 인산이 만들어진다.

커피를 추출할 때 인산의 비중은 높지 않지만 수소이온을 방출하며 강한 산미로 인식된다.

특히 케냐 커피를 특징지을 때 이 인산에서 오는 중후하면서도 인상적인 신맛을 꼽는다. 신맛이 강렬하면서도 묵직하고 균형감 있게 느껴진다.

❹ 초산(Acetic Acid)

초산이라 불리기도 하고, 아세트산이라고 불리기도 하는 포화지방산이다. 이는 커피나무가 성장 및 광합성을 하면서도 생성되지만 로스팅을 하면서도 생성된다.

자극이 강한 냄새가 특징이며 주로 식초(5%)에 많이 들어있는 약산성의 형태로 커피에 녹아든다.

특유의 톡 쏘는 듯한 향미 때문에 맛뿐만 아니라 냄새로도 쉽게 구분된다.

커피에서의 초산은 그다지 좋은 평가를 받지는 못하지만 때로는 과일의 향미로 발현되기도 하고 때로는 박테리아에 의해 발효된 퍼멘티드(Fermented) 향미를 내기도 한다.

❺ 젖산(Lactic Acid)

젖산은 기본적으로 발효에 의해 생성된다. 포도당이 발효되어 만들어지기도 하고, 사과산이 발효되어 만들어지기도 한다. 산미 중에서는 비교적 부드러운 산을 느낄 수 있다.

커피에서는 바디감을 동반한 신맛으로 발현되거나 부드러운 가염버터처럼 밀키한 느낌으로 전해지기도 한다.

이 외에도 느끼한 맛으로 흐르는 신맛을 가진 호박산, 텁텁함과 함께 느껴지는 신맛이 있는 주석산, 쓴맛을 느끼게 하는 클로로제닉산이나 퀴닉산 등 수많은 유기산들이 존재한다. 이들은 개별적으로 독립된 맛을 형성하는 것이 아니라 서로 긴밀하게 유기작용을 하며 다양하고도 복합적인 커피의 산미를 만들어 낸다.

4) 짠맛

커피에는 짠맛을 유발하는 나트륨(Sodium)이나 염화물질(chloride)이 함유되어 있기는 하지만 극소량으로 실제 직접적으로 느끼기에는 무리가 따른다. 굳이 원인물질을 찾고자 하면 주로 산화무기물에 의하며 산화칼륨, 산화인, 산화칼슘 등이 해당된다. 소량 들어있는 염화칼륨(Potassium Chloride)의 경우는 바닷물처럼 쓴맛과 짠맛이 섞여 있는 맛으로 나타난다.

커피를 마시면서 짠맛을 느낀 경우가 있다면 커피에 함유되어 있는 또 다른 성분에 의한 여러 복합작용으로 짠맛처럼 느껴질 수 있다는 연구결과도 있다.

또한 짠맛은 짠맛 그대로 느껴지기보다는 바디감이나 쓴맛으로 연결된다.

주로 과추출되어 고형물질이 너무 많이 녹아있거나 강배전 하여 쓴맛이 강할 때 짠맛도 같이 발현되는 경향이 있다.

5) 감칠맛

원래 알려진 맛의 4가지 요소인 쓴맛, 단맛, 신맛, 짠맛 이외에 1908년 일본에서 이케다 기쿠나에 박사가 처음 발견한 제5의 맛에 대해서는 오랫동안 학계에서 찬반 의견이 갈라졌었다. 그러나 혀의 감각수용체를 구성하는 세포 중에 글루탐산과 결합하는 수용체가 따로 있다는 사실이 밝혀지면서 5번째 맛의 요소로 인정받게 된 것이다.

일본어 우마미라는 단어로 많이 쓰이며 한국어로는 감칠맛(Savory Taste)이라고 쓰이기도 한다.

일반 단백질에 널리 분포하는 아미노산의 일종인 글루탐산(glutamic acid)에 의하여 이 감칠맛이 만들어진다.

글루탐산이 다른 아미노산과 결합하면 분자가 너무 커져 맛을 못 느끼게 된다. 이때 발효나 열을 가해 분자구조를 끊어주어 이 감칠맛이 나오게 된다. 저분자화가 맛과 향을 증가시키는 감칠맛의 근본이다.

커피에서 감칠맛은 밀키(Milky)한 마우스필(Mouth Feel)이나 혀 전체를 눌러주는 듯한 바디감(Body)과 밸런스(Balance)로 설명될 수 있다.

커피에서 유기산은 감칠맛 형성에도 결정적으로 기여한다. 핵산물질 이외에도 호박산(Succinic Acid) 등은 신맛보다도 감칠맛에 더 관여한다.

커피가 식으면 저분자화의 효능이 감소하여 이 감칠맛이 상쇄된다.

❷ 추출의 기본

1) 추출의 분류

고전적으로 추출방법에 따라 다음 5가지의 방식으로 분류한다.

❶ 탕제(湯劑)식, 또는 달임식(Decoction)

커피를 분쇄하여 물과 함께 끓이는 방식이다.

이브릭(Ibrik)이나 체즈베(Cezve)와 같은 터키식 커피나, 분나(Bunna)로 불리는 에티오피아의 전통커피 등이 이에 속한다.

❷ 침출(浸出)식, 또는 침지(浸漬)식(Leaching)

여러 가지의 추출용기에 분쇄된 커피를 넣고 커피의 성분들을 우려낸 후 분쇄된 가루는 버리고 물만을 따라내어 음용하는 방식이다.

침출식 더치커피(Cold Brew Coffee)나 프렌치 프레스(French Press)가 이에 속한다.

❸ 여과(濾過)식, 또는 투과(透過)식(Filtration, 또는 Brewing)

가장 흔히 사용하는 추출방법으로 원두를 분쇄하여 여기에 물을 통과시킨 후 이를 필터로 걸러서 커피음료를 만드는 방법이다.

드립식 더치커피(Cold Brew Coffee)나 핸드드립 커피 등 주변에서 에스프레소 다음으로 많이 접하는 커피들이 이 여과식 커피이다.

❹ 가압(加壓)식(Pressed Extraction)

분쇄된 커피가루에 대기압 이상의 압력을 가하여 일반적인 수용성 성분뿐만 아니라 불용성 지질과 섬유질, 가스도 함께 추출하는 방법이다.

에스프레소와 모카포트 등이 이에 속한다.

❺ 진공(眞空)식 또는 진공여과(眞空濾過)식(Vacuum Filtration)

물이 끓으면서 생기는 수증기의 압력을 이용하여 진공상태를 만들어 역으로 하부에서 상부로 커피를 추출하는 방식이다.

사이폰이 대표적이다.

2) 추출 시간과 온도

추출을 하는 과정에서 커피와 물이 접촉하는 시간과 이때의 물의 온도는 맛에 큰 영향을 끼치는 요소가 된다.

우선 기본적으로 이해를 해야만 하는 부분이 커피원두의 맛을 나타내는 분자구조들의 활동성이다.

신맛을 나타내는 구성분자들은 원래 분자활동이 빠르다. 따라서 고온이라 해서 특별히 더 빨라지거나 하지는 않는다. 추출 초기시점에도 분자활동이 빠른 신맛을 가진 구성분자들이 먼저 물에 녹아나온다.

반면 쓴맛을 가진 구성분자들은 분자활동이 매우 느리다. 분쇄된 커피가루의 중심부에서 물과 접한 표면부로 나오는 데 어느 정도의 시간이 소요된다. 따라서 충분히 추출시간이 길어지면 커피의 쓴맛이 본격적으로 잘 배어나오게 된다. 그리고 물의 온도가 높다면 평소보다 활동량이 늘어 좀 더 활발히 물에 용해되며 쓴맛이 강조될 것이다.

따라서 추출할 때에는 처음에는 신맛이 강조되며 점차로 단맛이 강조되고 마지막으로 쓴맛이 강조되는 커피가 추출된다.

물의 온도가 높다면 더 쓴맛이 강조되는 커피가 추출되고, 물의 온도가 낮다면 신맛이 강조되는 커피가 추출된다.

가장 이상적인 추출수의 온도는 90-96도 내외이다. 그보다 높으면 과다추출되면서 쓴맛과 떫은맛이 느껴지고 그보다 낮으면 산미가 도드라진다. 85도 아래에서는 산미도 낮아지고 휘발성 향미도 부족한 커피가 추출된다.

추출시간에 따른 커피 맛의 비중은 아래 그림과 같다.

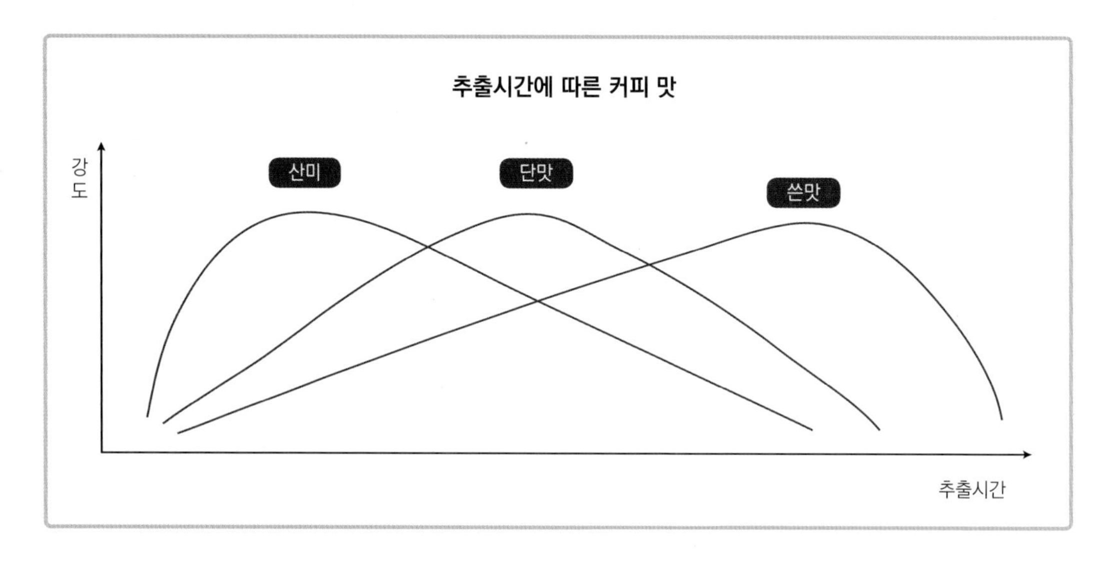

① 처음에는 농도도 진하고 수율도 높으며 단맛과 함께 산미가 강조된다.
② 신맛이 점차 수그러들면서 단맛이 정점을 발하며 추출된다.
③ 후반으로 가면서 단맛과 신맛이 현저히 줄어들면서 점차로 쓴맛과 떫은맛이 강하게 발현되며 잡미도 추출되기 시작한다.
④ 추출이 더 진행되면 수율이 현저히 떨어지고 쓴맛도 줄어들면서 잡미가 가득한 커피가 추출된다.

3 에스프레소

1) 에스프레소 원론

에스프레소(이탈리아어 Espresso, 영어 Express)는 이름에서 의미하듯 고객이 주문하면 빠른 시간에 추출하여 제공하는 커피이다. 불과 30초가 채 안 되는 시간 동안 곱게 갈린 원두를 적당한 온도의 물로 강한 압력을 이용해 빠르고 힘차게 통과시켜 밀도가 높은 암갈색의 에멀전(Emulsion) 용액을 제공하는 것이다.

에스프레소 추출은 다음과 같은 분명한 특징이 있다.

첫째 신속한 추출을 필수로 한다.

25초 내외의 짧은 시간에 추출이 이루어져야 한다. 35초가 넘어가면 과도한 쓴맛과 거친 잡맛이 섞여버린다. 반면에 15초 이내로 짧게 추출되면 풋내와 함께 신맛이 나는 불안정한 추출이 된다.

둘째 9bar 이상의 압력을 가해 추출한다.

이 가압추출 요건이야말로 다른 추출방법과 에스프레소를 구분하는 가장 중요한 요소이기도 하다. 9bar란 대기압(1bar)의 9배에 달하는 압력을 말한다. 고압의 물줄기가 커피가루를 통과하며 일반적인 수용성 성분뿐만 아니라 불용성 성분들도 같이 추출되면서 크레마(Crema)라고 하는 오일층을 만들어 낸다. 압력이 충분치 않다면 이 오일층이 만들어지지 않는다.

셋째 커피의 분쇄와 동시에 즉석에서 추출하여야만 한다.

주문과 추출 그리고 제공이 동시에 이루어져야 한다. 원두를 분쇄한 지 일정시간이 지났다든가, 추출하고 바로 제공되지 않았다든가 하면 에스프레소 본연의 맛을 잃어버린다.

특히 추출 후 어느 정도의 시간이 지나면 휘발성 향들이 대부분 사라지고, 오일층인 크레마도 없어지며 밀키하고 부드러운 맛 대신 텁텁하고 짠맛만 남아 즉석에서 추출해 제공하는 것을 원칙으로 한다.

넷째 한 샷의 기준은 분쇄원두 7-10g으로 한다.

과거에는 7g을 기준으로 하였으나 점차로 에스프레소를 베이스로 만드는 음료메뉴 잔의 크기가 커지기도 했으며 원두의 소비가 대중화되고 약배전이 유행하면서 조금씩 양이 늘어가는 추세이다.

이 기준을 바탕으로 에스프레소 머신의 추출 메커니즘이 구성되었으며 커피원두를 담는 포터필터의 바스켓 안에도 이 정도의 양만이 들어가게끔 설계되어 있다.

다섯째 한 샷의 추출량은 1oz(25-30ml)로 한다.

에스프레소를 추출하면 초반에는 신맛이 주로 나온다. 이어서 단맛이 나오며 곧 쓴맛이 주로 추출된다. 이 맛들이 모두 유기적으로 조화를 이루어야 한 잔의 에스프레소가 완성되는 것이다. 이 맛들의 적절한 조화점들로 백여 년이 넘는 시간 동안 많은 소비자들을 거치며 검증된 가장 이상적인 양이 1oz인 것이다.

에스프레소 추출용 샷잔의 경우 1oz에 눈금으로 표기되어 있는 제품이 대부분이다.

여섯째 에스프레소를 추출하는 물의 온도는 92도 ±2도로 한다.

안정적인 온도의 물을 제공하는 보일러를 기반으로 하여 92도의 추출수를 흘러내려 추출하는데 온도가 높거나 낮으면 쓰거나 신맛이 도드라지는 등 원치 않는 맛의 에스프레소가 만들어진다.

에스프레소 추출의 일반적 기준	
추출시간	25초 ± 5초
추출압력	9bar
한 샷의 분쇄원두 양	7g - 10g
한 샷의 추출량	1oz(25ml - 30ml)
추출수의 온도	92도 ± 2도

그러나 이와 같은 기준이 절대적으로 적용되는 것은 아니다.

실제로 바리스타의 재량에 따라서 원두를 많이 담기도, 적게 담기도 하고, 추출시간을 길게도 짧게 하기도 하며 창의성을 발휘하는 면도 있다. 그리고 머신 제조업체도 다양한 압력을 조절할 수 있는 머신들을 시장에 내놓음으로써 다양하고도 창의적인 에스프레소 제조의 길을 열고 있다.

2) 크레마

에스프레소 용액은 다른 커피 추출물들과는 다른 물리적 특성이 있다.

9기압이 넘는 압력으로 추출되면서 물에 녹는 고형성분인 수용성 성분 이외에도 불용성 오일성분들이 같이 녹아나오면서 특유의 성질을 갖게 된다.

에스프레소의 중심에는 가장 중요한 크레마(Crema)가 있다.

에스프레소 추출 시에 신선한 커피에서 나오는 지방성분이 휘발성 향미성분들과 결합하여 만들어내는 미세한 거품층으로 추출 후 에스프레소 상단에 층을 이루면서 뜨는 지질성분이다.

신선한 커피는 5mm 이상의 두께를 형성하기도 하는데 최소한 3mm의 두께로 에스프레소를 덮고 있어야 그 가치를 발한다.

또한 에스프레소의 표면을 전부 덮어야 하며 중간에 구멍이 뚫려서 아래에 있는 커피원액이 보여선 안 된다.

오래되어 산패된 원두에서는 크레마가 잘 안 나오거나 점도가 떨어져 크레마층이 성기게 된다.

추출이 잘된 크레마는 밀도나 점도가 오랜 지속력을 보인다. 최소한 3분 이상 크레마층이 지속되며 스푼으로 밀어내도 가라앉거나 깨지지 않고 곧 다시 층을 이루는 복원력을 보인다.

안정적인 크레마는 신선한 에스프레소의 척도라 할 수 있다.

황금색, 또는 적갈색으로 표현되는 이 크레마는 에스프레소가 추출되어 음용되기까지 온기와 향미가 날라가지 않도록 보존하는 역할도 한다.

로부스타의 경우는 아라비카보다 크레마의 양도 많고 점성도 높다. 때문에 반드시 크레마의 다소가 품질의 고저로 연결되지는 않는다.

그러나 강배전 시에는 적갈색을 띠고, 약배전 시에는 노란 황금색을 띠며 약간의 줄무늬(타이거 스킨, Tiger Skin)를 이루며 적당히 두툼한 두께로 지속성을 가지고 에스프레소 위에 올라가 있는 크레마야말로 에스프레소의 상징이다.

약배전에서 나오는
연한 색의 크레마

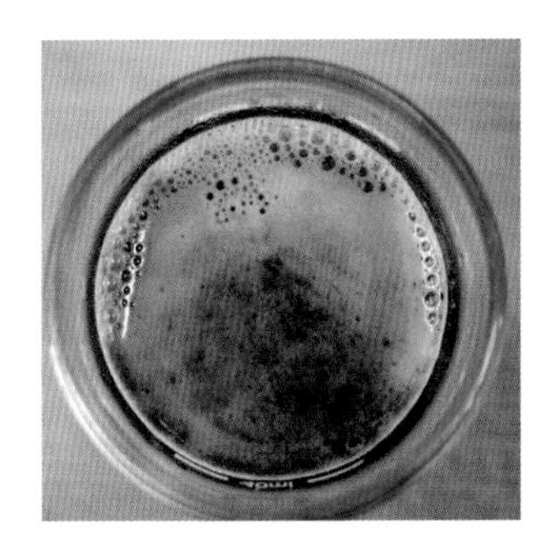

강배전에서 나오는
거칠고 진한 색의 크레마

오래된 원두에서 나오는
얇은 크레마

갓 볶은 원두에서 나오는
가스가 빠지지 않은 크레마

정상적인 크레마

3) 에스프레소의 추출

① 포터필터(Portafilter)를 그룹헤드(Group Head)로부터 분리해 그라인더의 도저(Doser) 아래에 위치하고 그라인더(Grinder)의 스위치를 켜 사용량만큼의 원두를 분쇄한다.

② 자동 그라인더일 경우에는 미리 세팅된 값만큼의 원두가 갈리어 포터필터의 바스켓에 담긴다. 수동 그라인더일 경우에는 그라인더가 작동하는 동안에 그라인더의 추출 레버를 안쪽으로 당겨 일정량의 분쇄원두를 바스켓에 담는다. 이를 도징(Dosing)이라 한다.
분쇄와 도징을 동시에 하는 이유는 분쇄된 원두는 그 즉시 산패가 시작되기에 최대한 빨리 추출로 옮겨가기 위함이다.

③ 1shot용 바스켓에는 보통 2shot용 바스켓의 절반보다 조금 더 많은 양의 원두를 담는다. 일반적으로 1shot일 경우에는 9-10g을 2shot일 경우에는 14-20g 정도를 포터필터의 바스켓에 담

는다.

④ 바스켓에 분쇄원두를 다 받고 난 후 바스켓에 쌓인 분쇄원두의 표면이 수평이 되도록 손으로 포터필터의 옆면을 툭툭 쳐준 후 오른손을 이용하여 수평 위로 튀어나온 원두를 깎아버린다. 이때 손을 이용하지 않고 그라인더 도저의 뚜껑이나 레벨러(Leveler)를 이용하기도 한다. 이 평탄작업을 레벨링(Leveling)이라 한다.

레벨링

레벨러

⑤ 포터필터에 표면이 평탄하게 담긴 분쇄원두를 탬퍼(Tamper)로 일정 힘을 가해 눌러준다. 이렇게 탬퍼로 누르는 작업을 탬핑(Tamping)이라 한다. 탬핑 시에는 어느 한쪽으로 기울어 눌리지 않도록 주의하고 커피케이크의 표면이 수평이 되도록 하는 것이 무엇보다도 중요하다.
만일 커피케이크가 기울어지면 추출수가 경사진 쪽으로 흘러내려가 완전한 추출이 이루어지지 않는다.

탬핑

⑥ 탬핑 후에는 탬퍼의 뒷부분으로 포터필터의 바스켓쪽을 툭하고 쳐준다.
이유는 포터필터의 가장자리에 붙은 분쇄 원두가루를 포터필터의 바스켓 안으로 떨어뜨리고 바스켓 안에 있는 분쇄원두들이 안정감 있게 자리를 잡아 2차 탬핑을 위한 준비가 되도록 하기 위함이다.
너무 강하게 치면 바스켓 안의 원두케이크에 균열이 생길 수 있기 때문에 조심하도록 한다.
그리고 탬퍼의 손잡이 뒷부분이 아닌 금속 부분으로 치거나 포터필터의 결합홈(결합날개)을 치는 일은 없도록 한다. 포터필터에 금속물질로 가격을 하

태핑

면 상처가 날 수 있고 결함홈에 상처가 나면 압착이 잘 안 될 수도 있다.

탬퍼의 뒷부분으로 포터필터를 치는 행위를 태핑(Tapping)이라 한다.

⑦ 최근 수년 전부터는 이 태핑 행위를 생략하는 것이 보편화되었다.

태핑을 통해 포터필터 가장자리에 붙어 있는 원두가루를 활용하고 바스켓 안의 원두가루가 안정감 있게 자리잡게 하는 이점보다 충격으로 원두케이크에 균열이 났을 때 발생하는 불이익이 더 크기 때문이다.

태핑을 생략하는 추출법은 미국 시카고에서부터 시작되었는데 2020년 현재 바리스타계에서 보편적으로 사용되고 있다.

⑧ 태핑을 했을 경우에는 반드시 2차 탬핑을 하도록 한다.

2차 탬핑은 1차 탬핑보다 조금 더 강하게 해주며 특히 수평을 맞추는 데 신경을 쓰도록 한다.

⑨ 추출 전 물 흘리기로 그룹헤드에 물을 수초간 흘려준다.

이렇게 함으로써 샤워스크린에 붙어있을 수도 있는 찌꺼기를 한 번 더 제거하고 그룹헤드의 온도를 올리는 예열 효과로 완전한 추출을 도와준다.

이를 퍼징(Purging)이라 한다.

⑩ 포터필터를 그룹헤드에 삽입하여 장착하고 머신의 추출버튼을 눌러 추출을 시작하고 동시에 미리 예열되어 있는 잔을 받쳐 에스프레소를 받는다.

추출

4) 추출조건 변화와 추출변수들

❶ 원두의 분쇄도

원두의 적정 분쇄도는 설탕보다는 조금 가늘고 밀가루보다는 굵은 정도의 입자이다.

이 분쇄도가 적정해야 25초 이내에 1oz의 에스프레소가 추출된다.

만일 농도를 높이기 위해 조금 많은 양의 원두를 담는다고 하면 분쇄도는 상대적으로 가늘어야 한다. 반대로 농도를 낮추기기 위해 적은 양의 원두를 사용한다면 분쇄도가 굵어야 일정 시간(25초) 이내 추출을 완료할 수 있다.

분쇄도가 가늘면 쓴맛의 입자들이 쉽게 물에 용해되어 쓴맛이 강조된다.

그리고 추출수가 포터필터의 바스켓에 들어있는 원두 사이에 머무르는 시간이 길어져 잡미의 원인이 될 수도 있다. 더 가늘어지면 추출수가 원두 사이로 들어가지 못하고 약한 틈을 찾다가 원두케이크를 깨고 그 틈새로 집중 추출되어, 다른 부분의 원두에는 추출수가 제대로 미치지 못하는 채널링(Channeling)의 원인이 된다.

분쇄도가 굵으면 추출수가 바로 빠져나가므로 분자활동이 활발한 신맛과 일부의 휘발성 향미만 추출되어 제대로 된 에스프레소의 맛을 느낄 수 없다. 추출이 빠른 에스프레소는 압력에 대한 저항이 걸리지 않아 크레마도 제대로 형성되지 않는다.

❷ 추출압력

에스프레소의 추출압력이 높으면 기본적으로 쓴맛이 많이 발현된다.

기본적으로 추출압력이 높으면 과다추출이 발생하지만, 예외적으로 분쇄도가 굵거나 하여 저항이 제대로 걸리지 않으면 추출수가 빨리 통과해버려 오히려 과소추출이 나올 수도 있다.

머신의 압력펌프는 보통 수도의 압력 3bar 정도와 합쳐서 9bar 정도의 압력을 발생하게끔 설계되어 있다. 그러나 바리스타의 조리방법에 따라 압력을 조절할 수 있다.

최근에는 좋은 원두의 사용이 늘면서 머신의 압력수치를 높이는 방법도 응용되고 있다. 9bar를 넘어가 15bar에 이르는 고압에서는 또 그 나름의 특유의 향미를 발현하는 원두도 있어 자유롭게 머신의 압력을 조절하는 고가의 머신이 각광을 받고 있다.

이러한 원두 품질의 발전은 에스프레소 머신 개념의 변화로까지 이어지고 있다.

그러나 추출압력이 낮을 때에는 과소추출로 에스프레소의 풍미를 제대로 느낄 수 없다. 휘발성 향미가 별로 없이 바디감이 현저히 떨어지는 연한 에스프레소가 된다. 크레마의 색상도 연하고 두께도 얇을 뿐더러 금방 사라진다.

❸ 추출수의 온도

92도 정도의 온도가 적당하나 보일러 내부의 압력이 너무 높으면 거의 끓는점(100도)에 이르는 물이 사용될 수도 있다.

보일러 내부의 압력이 1기압이 넘어가는 점을 감안하면 심지어 100도가 넘는 수증기와 함께 내려오는 물이 추출수로 작용해 원두 사이를 통과하는 경우도 있다.

이렇게 고온에서는 쓴맛이 특히 강조되고 크레마의 색도 현저히 진해진다. 크레마의 두께가 두껍게 나오는 듯하지만 지속성이 떨어져 금방 사라지는 현상도 생긴다.

보일러의 압력이 충분치 못하면 추출수의 온도도 낮아진다.

낮은 온도의 추출수는 커피 맛을 부드럽게 하는 듯하지만 과소추출로 충분한 바디감과 향미를 살려내지 못한다. 그뿐만 아니라 신맛이 강조되고 온도가 더 낮아지면 풀 내음과 같은 생내가 날 수도 있다.

95도가 넘어가는 고온은 크레마의 색을 진하게 하고 85도 아래의 저온은 크레마의 색을 연하게 한다.

❹ 원두량

과거 에스프레소 1shot의 기준 원두량은 7g이었으나 최근 원두산업의 발전과 함께 과다추출이 되어도 잡미가 없는 품질 좋은 원두들이 등장하고 커피 잔의 크기도 커지면서 원두 10g까지는 1shot으로 쓰고 있다.

원두량이 많으면 자연적으로 추출수가 흘러나가는 데 시간이 걸리면서 과다추출이 된다.

그렇지만 분쇄도를 적절하게 조절하여 극복할 수 있으며 오히려 원두의 모든 성분이 다 빠져나오기 전에 추출량이 다 되어 과소추출로 연결될 수도 있다.

이 경우 리스트레토와 같이 커피의 단맛이 강조되고 쓴맛이 줄어드는 효과도 가져온다.

원두량이 적으면 기본적으로는 추출이 빨라져서 과소추출이 된다.

그러나 적은 양의 원두로 일정량의 추출량을 채우려면 과다추출이 되어버릴 수 있다.

이미 원두가 가진 좋은 성분을 모두 용해해 내고도 적정 농도에 이르지 못해 잡미와 불필요한 고형물질들까지도 모두 추출되어 버리기도 하는 것이다.

❺ 탬핑 강도

탬핑할 때에는 바리스타가 힘으로 눌러주는 적절한 강도가 필요하다.

이 적절한 강도에는 다양한 변수가 있어 힘의 적당량을 기준할 수는 없다.

바리스타는 경험과 상황에 비추어 힘을 적절하게 조절할 수 있어야만 한다.

즉 분쇄가 너무 굵게 되면 좀 더 힘을 주어 탬핑 강도를 높이고 분쇄가 너무 가늘게 되면 탬핑 강도를 낮추어 추출수가 적절히 빠져나갈 수 있도록 한다.

포터필터 안에 원두가 너무 많이 담기면 탬핑을 약하게 해 과다추출을 막고, 원두가 너무 적게 담기면 탬핑을 강하게 해 적당한 저항을 주도록 한다.

크레마가 많이 나오고 지질 성분이 많은 원두는 탬핑을 강하게 해 적정 추출속도를 유지하고, 그렇지 않은 원두는 탬핑을 약하게 해 줄 필요가 있다.

이렇듯 여러 추출조건이나 원두의 상황에 맞추어 바리스타는 경험치를 통해 적정한 탬핑 강도를 찾는다.

탬핑 강도가 필요조건보다 약하면 추출수가 빨리 흘러 과소추출이 되고 반대로 탬핑 강도가 필요조건보다 강하면 추출수가 늦게 흘러 과다추출이 된다.

그렇지만 실제로는 탬핑의 강도보다도 분쇄도에 더 많은 영향을 받는다. 그러나 바리스타는 이미 분쇄된 원두로 조금 더 역량을 보일 필요가 있다.

Tip

과소추출(Under Extraction)

원두 사이로 추출수가 너무 빨리 통과하여 커피의 향미성분이 제대로 추출되지 못한 상태를 말한다.

과다추출(Over Extraction)

원두 사이로 추출수가 너무 느리게 통과하여 커피의 필요 향미성분 이외에도 불필요한 잡미성분들까지 같이 추출된 경우를 말한다.

과소추출

과다추출

추출 조건	과소추출	과다추출
분쇄도	굵은 경우	가는 경우
추출압력	낮은 경우	높은 경우
추출수의 온도	낮은 경우	높은 경우
원두의 양	많은 경우와 적은 경우 병존	적은 경우와 많은 경우 병존
탬핑 강도	약한 경우	강한 경우

❻ 크레마의 색

지나치게 밝은 색의 크레마는 물의 온도가 85도 이하로 낮거나 샤워스크린이 막혀있을 때 발생한다.

지나치게 짙은 색 또는 깨진 크레마는 물의 온도가 95도가 넘거나 샤워스크린이 막혀있을때, 포터필터와 필터의 연결에 문제가 생겼을 때 발생한다.

4 에스프레소 머신

1) 에스프레소 머신의 발전

9세기에 고도 산업화가 진행되면서 커피추출에만 시간을 뺏길 수 없었던 유럽에서는 보다 빨리 커피를 추출하기 위한 방안을 찾기 시작하였다.

처음에는 물이 아닌 스팀을 이용하여 빠른 시간에 추출하는 방법을 찾아 나섰고, 1884년 이탈리아인 안젤로(Angelo Moriondo)는 스팀으로 구동하는 즉석 커피 제조기기를 고안하였지만 양산되지는 않았다.

17년 후인 1901년에 이탈리아 밀라노 출신인 루이지 베제라(Luigi Bezzera)는 안젤로의 즉석 커피 제조기기를 여러 가지로 개선하여 증기압으로 작용하는 초기 에스프레소 머신을 개발하고 특허 출원하였다. 이를 1905년에 라 파보니(La Pavoni)라는 회사를 설립한 파보니(Desiderio Pavoni)가 구입하여 밀라노의 한 작은 공장에서 상업적으로 생산하기 시작하였다. 파보니는 발명가의 이름을 따 베제라(Bezzera)라는 이름으로 소량 수제 생산하였는데 이것이 근대 에스프레소 머신의 시작이다.

그러나 1.5기압의 수증기를 발생시켜 추출하는 방식으로 1기압 이상의 증기압 때문에 추출수는 거의 끓는 물 수준이라 고온에서 커피의 쓴맛과 잡맛이 추출되는 문제점을 안고 있었다. 현재는 어떠한 에스프레소 머신도 이러한 방법을 사용하고 있지 않다.

1946년 가찌아(Achille Gaggia)는 추출압력을 높이기 위하여 펌프를 사용하였고, 스프링 방식의 피스톤으로 스팀압력의 물을 실린더 속으로 밀어 넣는 방법을 고안하였다. 바리스타가 레버를 아래로 내리면 압축이 되어 9bar까지 압력이 올라가 추출되는 방식이다.

이는 현재까지 기본적으로 사용되고 있는 에스프레소 머신의 기본 작동 원리이다.

또 처음으로 9bar의 압력을 사용하면서 크레마도 발견되었고 가찌아는 이를 커피크림(Caffe Crema)으로 이름 짓고 홍보에 나섰다.

1950년대 유럽의 기계산업 부흥을 타고 유럽 전역으로 퍼지게 된 에스프레소 머신은 더욱 다양화되고 2차 세계대전을 거치면서 발전하게 된 기계산업과 전기산업 덕분에 더욱 상업화가 가속되었다.

2) 에스프레소 머신의 종류

작동원리에 의한 분류

❶ 수동식 머신(Manual Espresso Machine)

에스프레소 머신의 원형에 가까운 모델로 단순함과는 달리 고압부터 저압에 이르는 풍부하면서 다양한 맛으로 현재까지도 사랑받고 있다.

최초의 모델은 가찌아(Gaggia)사의 모델이며 현재는 클래식함에서 탈피한 다양한 현대적 모델이 나오고 있다.

바리스타가 피스톤의 물을 지렛대를 이용해 내려서 압력을 만드는 방식에서 스프링의 힘을 활용하면서 좀 더 수월하게 추출이 가능해졌다.

보일러의 압력을 만들어 스팀을 내거나 하는 여러 보조적 장치들은 전자장비들이 쓰인다.

바리스타의 역량이 필요하며, 피스톤 작동 시 최초 15bar에 이르는 고압부터 추출이 시작되면서 에스프레소의 풍부한 맛을 연출하여 과거 단순하며 클래식한 장비의 이미지에서 벗어나 새롭게 주목 받고 있다.

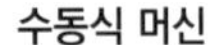
수동식 머신

수동식 머신의
피스톤 그룹헤드 부분

❷ 반자동 머신(Semi Automatic Espresso Machine)

반자동 머신

현재 가장 일반적으로 사용되는 방식으로 원두의 분쇄와 포터필터 장착 정도를 제외하고는 거의 대부분 전자장비에 의존하고 있다.

그러나 다양한 추출변수로 인하여 역시 바리스타의 숙련된 기술이 필요하다.

안정적으로 추출할 수 있으며 바리스타의 기술로 각종 부가 기능을 조절하여 다양한 맛을 연출할 수 있어 가장 보편적으로 사용되고 있다.

바리스타의 입장에서도 적은 노력으로 많은 디테일한 부분에 대한 기술적 제어가 가능하며, 메뉴를 만들기도 수월하여 머신의 기준처럼 여겨진다. 실제로 거의 모든 바리스타 경연대회나 자격심사에서는 모두 반자동머신을 사용하고 있다.

최초의 모델은 페마(Faema)사의 모델이며, 최근에는 반자동 머신 작동의 많은 부분이 디지털화되어 조정 가능해지면서 더욱 디테일한 맛을 연출할 수 있게 되었다.

❸ 자동 머신(Automatic Espresso Machine)

원두의 분쇄부터 계량, 추출에 이르기까지 모든 것이 디지털화되어 자동으로 내려지는 방식의 머신이다.

대부분 원두의 분쇄도, 추출량, 추출온도 등을 미리 프로그래밍 해놓으면 원버튼으로 추출되는 형식이다.

장점은 어떠한 바리스타가 추출해도 거의 역량을 발휘할 소지가 없기에 기복이 없는 기준의 맛을 연출하며 빠르고 편리하게 제조할 수 있다.

반면 단점은 다양한 메뉴를 제공하기 어려우며, 기존 세팅값 이외의 추출에는 별도의 작업이 다시 필요하다는 것이다.

인건비의 절감효과와 함께 바리스타가 상주하지 않는 사무실이나 표준의 맛이 필요한 대기업 등에서 사용하고 있다.

자동 머신

그룹헤드의 숫자에 의한 분류

커피머신의 몸체에 부착되어 있는 그룹헤드의 숫자에 따라 원 그룹머신(1 Group Machine), 투 그룹머신(2 Group Machine), 쓰리 그룹머신(3 Group Machine)으로 나뉜다.

3) 에스프레소 머신의 구조

커피머신에서 가장 중요한 요소는 안정적인 온도와 일정한 추출압력이다. 이 두 가지의 요소에 의해 에스프레소 커피의 맛과 향 등 전반적인 품질이 좌우되기 때문이다.

커피를 안정적으로 추출하기 위해 에스프레소 머신은 수십 킬로그램에 이르는 몸집에 다양한 구조와 많은 부속장치들을 포함하고 있다.

내 · 외부 주요 구조들

❶ 포터필터(Portafilter)

포터필터(Portafilter)는 필터홀더(Filter Holder)로도 불리는데 포터필터의 어원은 이탈리아어인 Protafiltro로 역시 필터홀더와 같은 말이다.

포터필터 몸체

포터필터는 머신과 분리되어 분쇄된 커피를 담아오는 역할을 한다.

그룹헤드로부터 분리되어 분쇄된 커피를 바스켓에 담아와 다시 그룹헤드와 결합하여 커피를 추출한다.

완전한 추출을 위하여는 항상 예열이 되어 있어야 하고, 원두를 담을 때에는 물기를 제거해 주어 건조한 상태여야 한다.

포터필터 구성품
(홀더, 바스켓, 스프링, 스파우트)

포터필터는 분리되는 바스켓(Basket), 스프링(Spring), 스파우트(Spout)로 되어있다.

스프링은 단순히 바스켓이 잘 빠지지 않게 고정시켜주는 역할이고, 바스켓과 스파우트는 1shot용과 2shot용이 있다. 필요시에 따라 교체 사용할 수 있다.

최근에는 포터필터의 아랫부분과 스파우트를 제거한 바텀리스(Bottomless) 포터필터도 제작되고 있다. 이 바텀리스 포터필터는 추출의 과정을 바리스타가 눈으로 확인하며 정확하고도 안정적인 추출이 이루어지는지를 체크할 수 있어 각광을 받고 있다.

바텀리스 포터필터 추출

❷ 그룹헤드(Group Head)

에스프레소 추출을 위한 고압의 물이 나오는 곳으로 분쇄된 커피와 직접 맞닿는 부분으로 보일러와 함께 머신에서 가장 중요한 부분이라 할 수 있다. 이곳에 포터필터가 장착되어 직접적인 추출이 이루어진다.

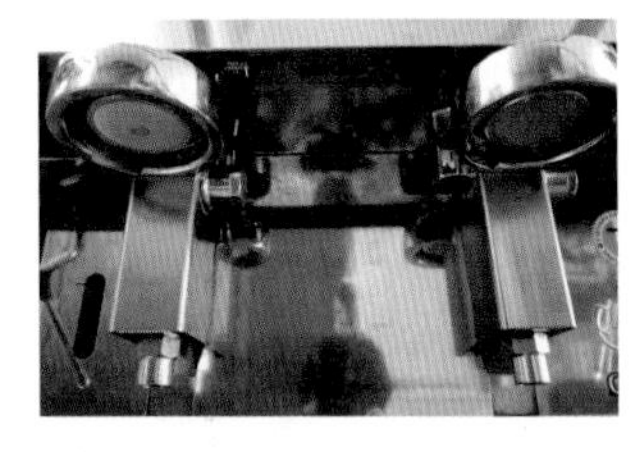

두 개의 그룹헤드

안정적인 온도유지가 가장 중요하며 이를 위해 예열시스템이나 보온기능 등을 탑재하고 있다.

그룹헤드의 내부에는 분리되는 개스킷(Gasket)과 샤워홀더(Shower Holder), 샤워스크린(Shower Screen)이 있다.

개스킷은 고무재질로 되어있어 그룹헤드와 포터필터가 밀착되게 해주는 역할을 한다. 추출이 진행될 때에는 9bar 이상의 고압이 발생하므로 물이나 압력이 새지 않도록 단단히 막아주는 것이 필요하다. 고온 고압은 고무재질의 개스킷을 부식시키거나 경화시켜 일정 시간이 지나면 기능을 상실하게 한다. 따라서 6개월 정도에 한 번씩 교체해 주는 것이 필요하다.

분리시켜 놓은 그룹헤드

샤워스크린 역시 찌꺼기나 커피오일이 끼어 구멍이 막혀버리면 균형있는 추출이 어려워진다. 샤워스크린에서 미세한 물줄기가 균일하게 커피표면에 분사되지 못할 경우 커피 크레마가 깨지거나 원치 않는 향미로 흘러갈 수도 있다. 늘 청결히 사용해주고 1년 정도의 주기로 교체한다.

❸ 펌프

에스프레소를 추출할 때 9bar 이상으로 올려주는 압력을 만드는 역할을 한다.

수돗물의 압력이 기본적으로 2-3bar가량 작용하기 때문에 그 압력에 더해 인위적으로 모터를 돌려 압력을 올린다.

펌프의 헤드에는 압력을 조절할 수 있도록 설계된 부분이 있다.

이곳을 1자형 드라이버 등으로 돌려서 필요한 압력의 크기를

펌프

조절할 수 있다. 시계 방향으로 돌리면 압력이 높아지고 반시계 방향으로 돌리면 압력이 떨어진다. 공장에서는 주로 9bar에 맞추어 출고되는데 이는 바리스타의 성향에 맞추어 적절히 재조정할 수 있다.

펌프헤드의 압력조절 나사

④ 보일러

보일러는 추출에 관하여 커피머신의 심장부라 할 수 있다. 안에 히터가 내장되어 있어 전기로 물을 가열하여 뜨거운 물과 함께 스팀을 만들어내는 구조이다.

보일러

안에 항상 물을 담고 있으며 커피추출에 필요한 모든 물을 공급한다.

보일러는 그 구조에 따라 일체형 보일러, 듀얼보일러, 독립보일러로 나뉜다. 대부분 일체형 보일러가 보급되어 있으나 고가형 머신에서는 독립보일러가 쓰인다.

일체형 보일러는 스팀과 온수, 그리고 추출수가 하나의 보일러 안에서 모두 생성된다.

보일러를 중심으로 한 관로

보일러 안에는 그룹헤드의 수만큼 열교환기가 존재한다.

보일러 내부는 70%가량의 물과 30%가량의 스팀으로 채워져 있다. 이 물과 스팀이 메뉴제조에 사용되고 에스프레소 추출에는 열교환기 안에 들어있는 물이 사용된다.

열교환기에 가득찬 물은 보일러의 압력과 열로 인하여 데워지고, 펌프의 압력으로 추출이 이루어진다.

보일러의 물을 많이 사용하게 되면 냉수가 자동으로 유입되면서 추출수의 온도가 떨어진다. 그리고 스팀을 많이 사용하면 스팀압을 올리기 위해 보일러가 작동되므로 추출수의 온도가 올라간다. 따라서 일체형 보일러는 추출이 불안정하다는 문제점이 있다.

반면에 제작비가 저렴하다는 것이 장점이어서 보급률이 가장 높다.

이와는 달리 추출에 필요한 물을 위한 보일러를 따로 만들어 놓은 구조가 듀얼 보일러이다.

즉 두 개의 보일러와 두 개의 히터를 가지고 스팀과 온수를 하나의 보일러로 만들고, 추출수를 다른 별도의 보일러로 만드는 방식이다. 이때 추출수를 만드는 보일러는 메인 보일러보다는 작게 설계된다.

독립보일러가 장착된 그룹헤드

독립보일러는 듀얼보일러처럼 추출수를 만드는 보일러를 독립시키되 각각의 그룹헤드마다 하나씩 개별로 독립보일러를 만들어 각각의 추출조건에서 최상의 컨디션을 유지하게끔 만든 구조이다. 보일러 전체를 데우는 것이 아니고 온도센서를 통해 추출 시마다 물의 온도가 자동으로 제어되기 때문에 바리스타가 원하는 구체적인 맛 표현도 가능하다.

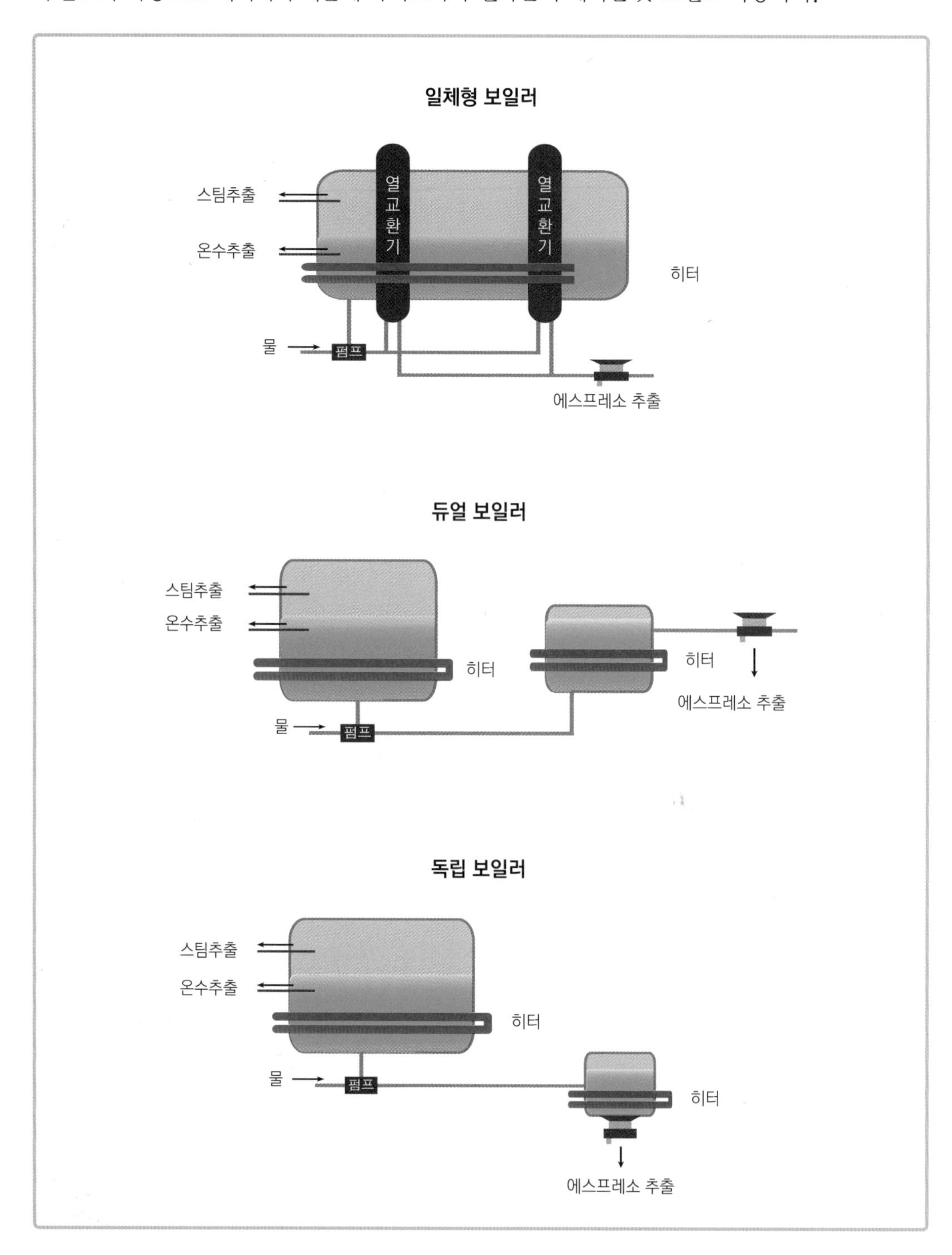

❺ 열교환기

반자동 머신에만 있는 원통 실린더 형태의 탱크로 보일러 내부에 결합되어 있으며 그룹헤드의 숫자만큼 열교환기가 존재한다. 이 곳에 들어온 물은 보일러의 물에 의해 같이 데워졌다가 펌프의 압력으로 추출수로 사용된다.

두 개의 열교환기가 보일러에 박혀있다.

❻ 히터

보일러의 하단부에는 물을 데울 수 있는 전기히터가 장착되어 있다. U자 형의 긴 봉 형태로 되어 있다. 보일러에 물이 모두 빠져나간 상태에서 히터가 작동되면 파손의 우려가 있다. 그리고 수돗물의 성분 때문에 스케일이 많이 낄 수 있기 때문에 주기적으로 디스케일링(Descaling)을 진행해주면 좋다. 히터에 스케일이 많이 끼면 고장의 원인이 되지는 않지만 열 전달이 잘 안 되어 온도를 안정적으로 유지하기 어렵다.

4) 커피머신의 원리

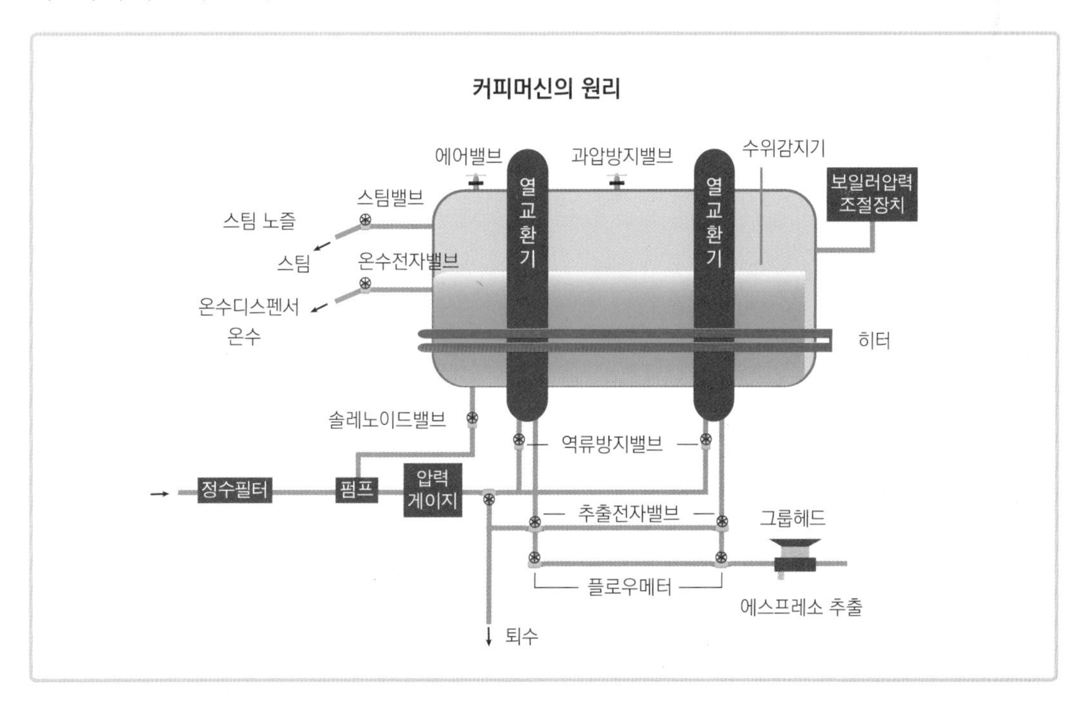

① 정수된 물이 펌프 안으로 들어간다.

② 펌프의 압력에 의해 물이 보일러와 열교환기로 들어간다.
(듀얼보일러나 독립보일러의 경우에는 메인 보일러와 보조 보일러로 들어간다.)

③ 보일러로 들어가는 물은 솔레노이드 밸브를 통해 사용한 만큼 계속적으로 보충이 된다.

④ 보일러는 히터에 의하여 가열되어 70%의 끓는점의 뜨거운 물과, 30%의 끓는점이 넘는 스팀이 압력을 받으며 들어차 있다.

⑤ 보일러 상단부 스팀이 차있는 곳의 스팀밸브를 통하여 스팀이 제공된다.

⑥ 보일러 하단부 뜨거운 물이 차있는 곳의 온수밸브를 통하여 온수가 제공된다.

⑦ 열교환기 또는 보조 보일러의 추출수는 추출 시마다 펌프의 압력으로 추출전자밸브와 플로우메터를 거쳐 그룹헤드로 강한 압력과 함께 나간다.

⑧ 이때 추출전자밸브는 추출에 관한 제어를 하며 추출 후 남은 압력과 물을 퇴수시킨다.
또 플로우메터는 적정량의 추출수를 흘려보낸다.

⑨ 추출을 위하여 빠져나간 만큼의 물이 다시 공급된다.

5) 그라인더

❶ 그라인더의 구조와 원리

그라인더는 추출을 위해 원두를 분쇄하는 장비로 분쇄원두의 굵기를 조절함으로써 추출에 다양한 변수를 줄 수 있다.

완벽한 한 잔의 에스프레소를 추출하기 위하여는 균일한 분쇄를 전제조건으로 한다.

그라인더 구조

① 호퍼(Hopper) : 원두를 담는 통이다. 호퍼에 담긴 원두는 사용함에 따라 지속적으로 밑으로 내려가면서 아래쪽에 있는 그라인더 날에 의해서 분쇄가 이루어진다.
원두 1kg을 담을 수 있는 호퍼가 일반적으로 많이 쓰인다.

② 도저(Doser) : 그라인더 날에 의해서 분쇄가 이루어진 원두가 담기는 통이다.
자동 그라인더의 경우 도저리스(Doserless)로 도저없이 분쇄된 원두를 바로 포터필터에 담도록 되어있는 구조도 있다.
원두는 분쇄와 동시에 산패가 진행된다. 분쇄가 되고 나면 산소가 접촉하는 면적이 급격히 넓어져 급속하게 산패된다. 따라서 분쇄는 주문과 동시에 이루어져야 한다. 즉 도저 안에 분쇄된 원두가 떨어지면 바로 포터필터로 들어가 추출이 이루어지는 것을 원칙으로 한다. 도저 안에 분쇄된 원두가 들어있는 경우는 바람직하다고 볼 수 없다.

③ 날(Burr) : 그라인더의 날은 플랫(Flat)형과 코니컬(Conical)형으로 구분한다.

플랫형은 아래의 날은 고정되어 있고 위의 날이 분당 1,500회가량 회전하면서 원두를 으깨면서 분쇄한다. 회전속도가 빠르다 보니 소음이 상대적으로 크고 열 발생도 심하여 원두 맛이 변질될 가능성도 있다. 위에서 투입하여 옆으로 분쇄되어 나가는 구조라 원심력을 이용하기 위하여 빠른 회전은 필수조건이다. 그러나 최근에는 저속 저소음형 플랫방식도 출시되고 있다. 무엇보다도 균일한 분쇄도는 플랫형의 가장 큰 장점이다.

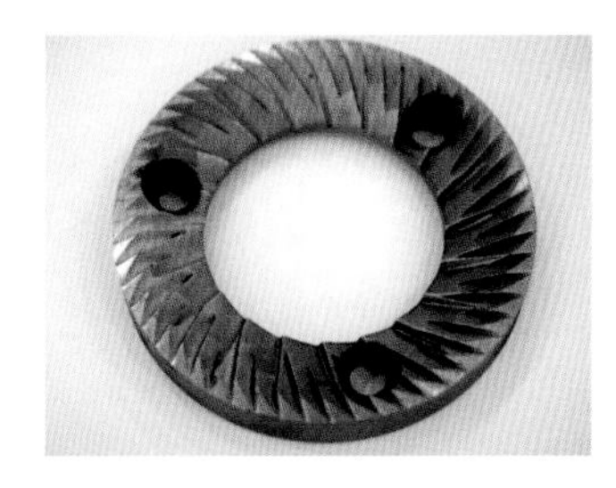
플랫형 그라인더 날(Flat Burr)

코니컬형 그라인더 날(Conical Burr)

코니컬형 역시 아래의 원뿔형 날은 고정되어 있고 상부의 날이 회전하면서 분쇄한다. 상대적으로 느린 속도인 분당 500회 정도로 날이 회전하므로 소음과 열 발생이 적다. 때문에 원두 자체의 성분보존에는 유리하지만 균일하지 못하게 갈리는 단점도 있다.

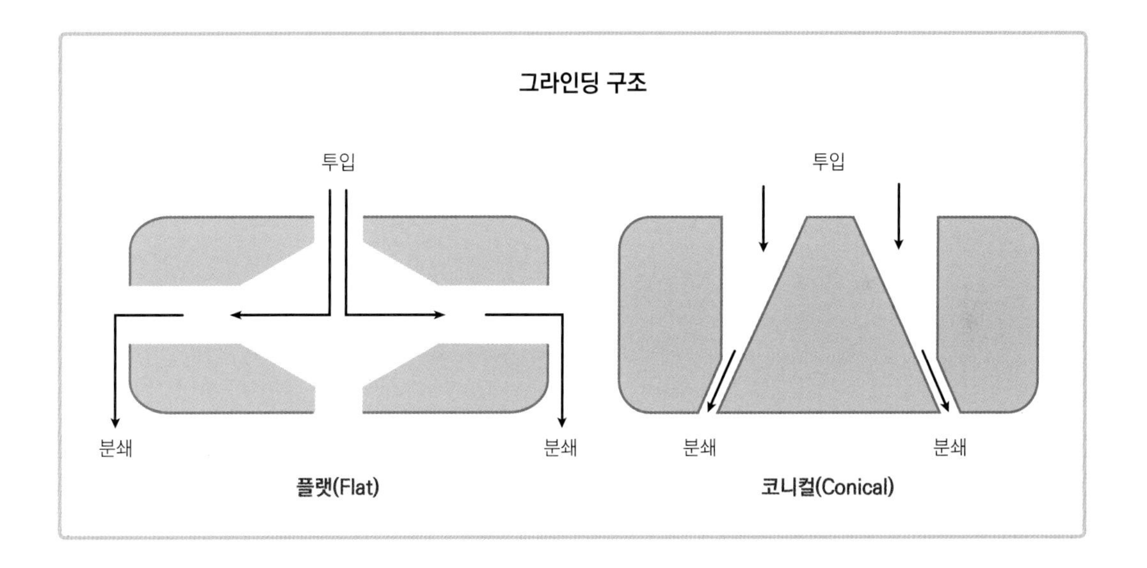

❷ 그라인더의 분쇄도 조절

에스프레소 추출에는 늘 수없이 많은 환경의 변수가 존재한다. 환경의 변수는 주로 그라인더의 분쇄도를 조절하면서 어느 정도 조율을 한다.

각기 다른 원산지와 다른 품종의 원두가 추출속도나 조건이 같을 리가 만무하다. 설령 같은 원두라 하더라도 로스팅하고 나서 경과된 시간에 따른 산패 정도, 그날의 온도나 습도의 상태, 그라인더 날의 마모 정도, 고객의 취향 등에 따라 분쇄도를 달리하여야만 한다. 따라서 그라인더의 분쇄 입자의 조절은 바리스타가 늘 신경을 집중해야만 하는 부분이다.

대부분의 그라인더는 시계방향으로 돌리면 분쇄도가 가늘어지고, 반시계방향으로 돌리면 분쇄도가 굵어진다. 두 개의 날이 서로 밀착하여 분쇄가 되는 과정에서 시계방향으로 돌리면 나사가 들어가듯 두 날의 간격이 좁아지기 때문이다.

원두가 가늘게 분쇄되면 에스프레소는 쓴맛이 강조된다. 굵게 분쇄되면 바디감이 사라지고 신맛이 강조된다. 적정 추출시간인 25초 정도가 유지될 정도 굵기의 분쇄도가 가장 적당하다.

5 핸드드립

1) 핸드드립 커피의 의의

드리퍼와 필터에 분쇄된 원두 커피를 담고 뜨거운 물을 중력의 힘으로 떨어뜨려 커피를 추출하는 방식을 핸드드립이라고 한다.

커피를 추출하는 여러 방법 중 가장 일상생활에 근접해 있으면서도 각각의 커피가 가진 특유의 향미를 가장 잘 표현하는 방법으로 핸드드립이 꼽힌다.

드립커피(Drip Coffee), 드립브루(Drip Brew), 매뉴얼드립(Manual Drip), 푸어오버커피(Pour over Coffee) 등 각각이 미묘한 차이는 있지만 실제로는 모두 핸드드립 또는 핸드드립 커피와 같은 뜻으로 사용된다.

핸드드립은 기본적으로 서버(Server) 위에 드리퍼(Driper)를 거치하고 안에 필터(Filter)를 넣어 여과장치를 만들고 분쇄원두를 넣은 후, 중력의 힘으로 가는 물줄기를 떨어뜨려 가며 추출한다.

때문에 드리퍼와 필터의 사용이 필수적이고 서구에서는 필터커피(Filter Coffee)라고 하기도 한다.

우리가 가장 흔히 쓰는 종이로 된 필터는 독일인 멜리타 벤츠(Melitta Bentz) 여사가 1908년에 고안하였다. 그녀는 곧 멜리타라는 회사를 만들고 드리퍼를 만들기 시작했다.

이 멜리타(Melitta) 드리퍼는 오늘날 쓰이는 많은 종류의 드리퍼의 효시가 되었다.

그 후 핸드드립 커피는 일본에서 크게 각광을 받으면서 성장하였다.

칼리타, 고도, 하리오 등 많은 드리퍼들이 일본에서 개발되었으며 드립방법 또한 여러 가지가 고안되며 발전해 왔다.

핸드드립은 바리스타의 손기술과 드립을 하는 여러 환경적 요건에 따라 향미가 달라진다.

즉 드리퍼의 종류, 필터의 종류, 원두의 종류, 물의 양, 물의 온도, 드립시간, 물줄기의 굵기, 붓는 방향 등 많은 변수의 영향을 받는 추출법이다.

바리스타의 경험과 연륜이 그대로 묻어나고 커피산지의 특성과 색이 그대로 전해지기에 에스프레소 다음으로 전 세계에서 많이 소비되고 있다.

핸드드립 커피

2) 핸드드립 커피의 특징

핸드드립 커피는 에스프레소 커피와 함께 커피메뉴의 양대산맥을 이룬다. 에스프레소 커피와 비교하면 다음과 같은 큰 특징이 있다.

① 에스프레소 커피는 주로 여러 가지 원산지가 섞인 블렌딩된 커피를 주로 사용하여 왔다. 그러나 핸드드립 커피는 해당 커피 산지의 맛을 그대로 살려주기 때문에 주로 단종 커피(Single Origin)를 사용한다.
그러나 최근에는 에스프레소도 원두의 고급화와 추출기술의 발달로 인하여 점차로 단종커피(Single Origin)의 사용이 늘어가는 추세이다.

② 에스프레소는 기계의 힘을 빌려 짧은 시간(25초)에 추출하는 것을 큰 특징으로 한다. 그러나 핸드드립 커피는 인간의 손으로 비교적 오랜 시간(3-5분)에 걸쳐 추출한다.

③ 에스프레소는 수용성 물질뿐만 아니라 지용성 물질까지 추출되어 크레마와 복잡하면서도 진한 바디의 맛이 추출된다. 반면에 핸드드립은 깔끔하면서도 단조로운 개별 특성의 맛을 특징으로 한다.

④ 에스프레소로 만들 수 있는 메뉴는 다양하다. 여러 가지 부재료를 첨가할 수도 있고, 다른 메뉴와 혼합할 수도 있다. 그러나 핸드드립 커피는 본연의 모습 그대로 제공되는 것을 기본으로

하여 메뉴가 제한적이다.

⑤ 에스프레소는 어느 정도 정해진 룰에 따른 추출로 정형화된 커피이다. 그러나 핸드드립은 바리스타의 역량이 많이 들어가며 다양한 방법과 도구를 통해 여러 가지 변화를 줄 수 있다.

3) 핸드드립 방법

핸드드립에서 가장 중요한 것은 물줄기의 굵기나 유속 등이 바리스타가 의도한 대로 안정적으로 이루어지게 하는 데 있다. 그래야만 예상하고 원했던 향미가 적절히 잘 구현될 수 있다.

안정적인 물줄기를 위한 자세는 사람마다 신체조건이나 개성이 모두 다르기에 어떠한 자세를 규정짓는 것은 불가능하다.

단지 몸의 균형을 잡고 안정적으로 물줄기를 컨트롤하기 위해 다리를 어깨넓이로 벌리고 오른쪽 다리를 약간 뒤로 빼주는 것이 좋다.(오른손잡이 기준)

그리고 드립주전자를 잡는 오른손은 자연스럽게 몸통에 가깝게 붙이고, 왼손은 탁자 위에 올려 편안한 자세를 유지한다.

손목의 스냅을 이용하기보다는 팔 전체를 이용해 물줄기를 컨트롤하며 부어 나간다.

4) 다양한 핸드드립 도구

❶ 멜리타(Melitta)

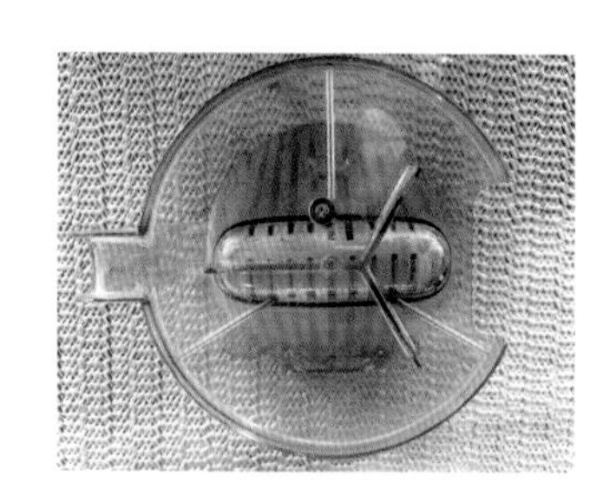

멜리타 드리퍼의 바닥모습과 구멍

종이필터를 처음사용한 드리퍼이자 근대 드리퍼의 효시이다.

멜리타 드리퍼를 이용한 추출의 가장 기본적 요소는 추출구가 한 개뿐이라는 것이다. 따라서 배출이 느려지기 때문에 드리퍼 안에 다량의 물이 항상 고여 있다. 따라서 사용자는 기술적 부담 없이 물줄기를 흘려 내릴 수 있다.

립이 길고 많아 물이 고여있어도 쉽게 서버로 흘러가게 도와준다.

전체적으로 개성진 맛보다는 부드러운 맛을 구현한다.

❷ 칼리타(Kalita)

멜리타 개발 이후 일본에서 이를 변형시켜 개발된 드리퍼이다.

멜리타와 가장 큰 차이점은 구멍이 세 개 나 있다는 것이다.

대체로 드립의 표준처럼 여겨지며, 커피 맛이 특별한 왜곡 없이 그대로 잘 표현된다.

추출구가 세 개인데 립(Rib)도 높고 많아 추출 속도도 빠르며 추출하는 바리스타에 따른 맛의 기복이 많지 않다.

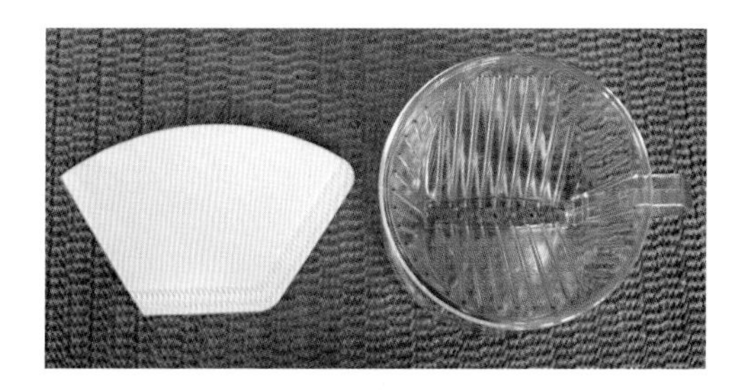

칼리타 드리퍼와 필터

드리퍼의 맨 위는 원형이지만 맨 아래는 타원형이라 커피 양이 많은 센터를 중심으로 하여 타원형을 그려 주면서 물을 부어야 전체 원두의 고형성분이 균일하게 용해되어 나온다.

칼리타 세라믹 드리퍼의 경우 열전도율이 높아 사용 전에 충분히 예열하여 추출수의 온도가 드리퍼에 빼앗기지 않도록 한다.

❸ 하리오(Hario)

일본의 하리오 드리퍼와 고노 드리퍼는 원추형 드리퍼이다.

멜리타나 칼리타와 같은 반원추형과는 달리 드리퍼 내에서 물의 흐름이 원활하고 비교적 단조롭다. 구멍은 가운데 하나지만 멜리타와는 달리 매우 크다. 따라서 추출속도도 빠르고 부드러운 맛을 잘 연출해 낸다. 유사한 고노드리퍼보다 구멍도 더 크고 립(Rib)도 더 길어 하리오의 큰 특징 중의 하나인 빠른 추출이라는 장점을 살려 바쁜 매장에서 유용하게 사용되는 모델이기도 하다.

하리오 드리퍼

립(Rib)은 나선형으로 휘어있다. 보통 물줄기를 가늘게 하여 부드럽지만 풍부한 맛을 즐기고자 한다.

❹ 케멕스(Chemex)

1941년 독일에서 만들어져 실용적이면서도 감각적인 디자인적 요소로 북미나 호주에서 많이 사용되었지만 최근 우리나라에서도 유저층을 계속 넓혀가고 있다.

특징으로는 서버와 드리퍼가 일체형이다. 다른 드리퍼가 가진 립(Rib)과 비슷한 역할을 에어채널(Air Channel)이 있다. 이 부분도 맛에 영향을 준다기보다는 실용성에 기인한다. 전체적으로 특별한 양식 없이 캐주얼하게 드립을 하여 커피를 즐기는 데 유용하다. 다량의 드립을 한 번에 할 수 있어 실용적인 면도 서구사회에서 인기를 끈 이유 중의 하나이다.

케멕스 드리퍼

❺ 핀 드리퍼(Pin Dripper)

주로 베트남에서 사용되고 있는 핀 드리퍼는 필터가 반영구적으로 사용할 수 있는 금속필터이다. 서버에 연유와 얼음을 받치고 상단의 드리퍼에 강배전 한 원두를 갈아 내리면 베트남식 커피인 카페 쓰다(Ca Phe Sua Da)가 만들어진다.

핀 드리퍼

필터는 단순히 금속에 구멍이 뚫린 것이기 때문에 입자가 굵은 커피가루는 걸러주지만 입자가 가는 커피가루는 같이 내려져 음료를 혼탁하게 만들기도 한다. 종이필터에 흡수되는 성분 없이 그대로 떨어지기 때문에 주로 진하고 풍부한 맛을 연출한다. 반면에 추출이 늦고 맛이 많이 거칠다.

❻ 스틸 드리퍼(Still Dripper)와 웨이브 필터(Wave Filter)

웨이브 필터는 웨이브가 만들어내는 공간으로 인하여 드리퍼와 일정한 간격을 두게 되어 드리퍼의 영향을 적게 받는다. 때문에 균형 잡힌 맛의 커피를 균일하게 내릴 수 있는 장점이 있다. 독특한 주름 구조의 필터는 최근 들어 눈에 띄는 시각적 효과와 함께 많이 애용되고 있다.

스틸 드리퍼와 웨이브 필터

스틸 드리퍼는 립(Rib)이 없어 추출과정에서 그만큼 변수가 적다. 따라서 단순하고 일관된 맛의 유지에 유리하지만, 바리스타의 의지에 따라 향미를 조절할 수 있는 여지가 적어진다.

❼ 융 드리퍼

종이 드리퍼는 커피의 지방성분을 흡수하면서 잡미도 같이 잡아주어 깔끔하고도 밝은 느낌의 커피가 추출되지만 융 드리퍼는 그와는 반대로 지방성분까지 추출되어 많은 복합적인 맛이 같이 어우러지는 풍성한 맛과 밀도 높은 바디감을 느낄 수 있다.

융은 반복적으로 사용이 어려우며 사용할 때마다 매번 세척해야 하고, 10회 이상 사용하여 융의 조직이 손상되고 커피 이물질이 많이 끼면 교환해야 한다.

융 드리퍼

 종이 드리퍼와 융 드리퍼의 비교

	종이(필터) 드리퍼	융 드리퍼
장점	일회용 필터로 처리가 간편하다. 필터 비용이 상대적으로 저렴하다. 깔끔하면서도 선명한 맛을 낸다. 원두 본연의 맛이 잘 표현된다.	바디감이 좋고, 맛이 풍부하다. 맛의 여운이 오래 지속된다.
단점	바디감이 떨어지고 마우스필이 건조하다.	위생적인 처리에 노력이 들어가며 추출이 번거롭다. 필터 비용이 상대적으로 비싸다.

5) 추출변수

변수	결과
많은 뜸들이기 물량	추출 시간이 짧아진다. 충분히 뜸들일 시간이 없이 추출되므로 과소추출되어 농도가 연하다.
적은 뜸들이기 물량	추출 시간이 길어진다. 잡미가 강조되며 맛이 텁텁해진다.
가는 물줄기	드리퍼 내 원두 사이의 유속이 느려 고형물질을 잘 용해한다. 원두가 굵은 커피의 단점을 커버할 수 있다. 진한 커피가 추출된다.
굵은 물줄기	드리퍼 내 원두 사이의 유속이 빨라 고형물질을 잘 용해하지 못한다. 원두가 가는 커피의 단점을 커버할 수 있다. 연한 커피가 추출된다.
가는 분쇄도	분쇄된 커피입자 간 간격이 좁다. 드리퍼 내 원두 사이의 유속이 느려 고형물질을 잘 용해한다. 진하고 쓴 커피가 추출된다.
굵은 분쇄도	분쇄된 커피입자 간 간격이 넓다. 드리퍼 내 원두 사이의 유속이 빨라 고형물질을 잘 용해하지 못한다. 연하고 신 커피가 추출된다.
낮은 물온도	분쇄된 커피원두의 맛을 표현하는 분자들의 활동이 느리다. 과소추출되어 맛이 풍부해지지 않는다. 신맛이 강조된다.
높은 물온도	분쇄된 커피원두의 맛을 표현하는 분자들의 활동이 빠르다. 과다추출되어 잡미까지 포함하게 된다. 쓴맛이 강조된다.

6 콜드브루(더치커피)

1) 더치커피의 유래

더치커피 도구

더치커피는 커피의 와인 또는 커피의 눈물이라 일컬어지며 다양한 메뉴와의 결합이 가능하여 우유, 맥주, 아이스크림 등 다양한 식재료와 결합하며 새로운 메뉴로 재탄생하기도 한다.

주로 얼음과 함께 차게 마시는 특성상 여름철 수요가 많으나 일년 내내 지속적 소비가 유행처럼 번지고 있다.

더치커피(Dutch Coffee)란 네덜란드식 커피라는 뜻으로, 과거 근세 대항해 시절 세계를 식민지로 두고 호령하던 네덜란드 해군이 본토를 떠나 커피를 못 마시게 되어 활력을 잃어버리자 고안된 커피이다. 찬물에 미리 커피를 내린 후 오랫동안 배 안에서 보존하며 음용한 데서 유래되었다.

그렇지만 사실 더치커피라는 명칭을 쓰는 나라는 우리나라와 일본 이외에는 그리 많지 않으며 네덜란드에서조차 더치커피라는 용어를 사용하지 않는다. 위의 유래도 상업화에 능한 일본인들이 만든 이야기라는 것이 커피업계에는 좀 더 신빙성 있게 받아들여지고 있다.

좀 더 정확한 명칭으로는 콜드브루 커피(Cold Brew Coffee)가 맞는 말이며, 더치커피라는 말은 이 콜드브루 커피의 별명 정도로 이해하면 되겠다.

2) 더치커피의 추출

더치커피 추출을 위한
물방울이 떨어지는 모습

더치커피는 찬물을 분쇄된 커피원두에 한 방울씩 떨어뜨려 8-10시간에 걸쳐 장시간 동안 추출하기에 다른 추출방법의 커피보다 비교적 고가에 판매되고 있다.

그렇지만 더치커피의 추출방법에는 한 방울 한 방울 떨어뜨리며 장시간 동안 추출수를 조절해가며 정성을 다해 내리는 드립식 방법만이 있는 것이 아니라 큰 탱크에 대량으로 커피를 분쇄하여 찬물과 함께 넣고 오랜 시간을 놔둔 후 정제해 물과 분쇄된 원두를 분리해내는 침출식 방법도 있다.

근본적으로 드립식 공법과 침출식 공법은 콜드브루 커피라는 취지에서 실온 이하의 물로 장시간 추출한다는 기본에는 다름이 없다.

드립식 공법이 시간과 노력은 더 들어가고 맛과 향에서 더 우수함은 말할 나위도 없지만, 시중에 나오는 대량생산 더치의 생산공법은 드립식이 아니라 침출식이다.

더치커피의 맛은 커피 원재료의 맛보다는 추출방법인 콜드브루잉(Cold Brewing)에 많이 좌지우지된다.

특성으로는 초콜리티(Chcholaty)하면서도 캐러멜리(Caramelly)한 향과 맛을 꼽을 수 있으며 냉장보관 등을 통한 숙성을 권장한다. 추출 후 냉장보관할 때 산소와의 결합으로 수일 경과 후에는 저온숙성으로 인한 맛의 풍미가 더 깊어지는 것을 경험해 볼 수 있다.

원두의 분쇄도는 에스프레소의 굵기보다는 조금 더 굵은 정도로 갈아주며, 원두의 양은 추출수 500ml당 약 70-80g 정도가 적당하다. 1리터의 더치용액에는 150g 정도의 원두가 사용된다.

균일하지 못한 분쇄원두는 특정 물길이 열려 그리로만 계속 추출수가 빠져나가는 채널링(Channeling) 현상이 나올 수도 있다.

더치커피 추출 시에는 수시로 원두의 적심 상태와 물 떨어짐 상태를 체크해가며 밸브를 조절해야만 한다.

3) 더치커피와 카페인

더치커피에 대한 오해 중 대표적인 것이 카페인에 관한 것이다. 많은 사람이 더치커피를 즐기는 이유 중 하나로 저카페인을 꼽는다.

카페인은 높은 온도에서 잘 녹아나오고 더치커피는 찬물로 추출하기 때문에 카페인이 적을 것이라는 게 통상적인 생각이다.

그러나 카페인이 녹아나오는 정도는 온도와 함께 커피와 물의 접촉시간에도 비례한다.

비록 찬물에는 적은 양의 카페인이 녹아나오지만, 에스프레소(25초), 핸드드립(3분) 등에 비하여 터무니없이 길어지는 더치커피의 추출시간(최소 6시간)은 충분한 양의 카페인을 녹여낼 여지가 있는 긴 시간이다.

때문에 얼음으로 더치커피를 내리지 않는 이상 더치커피에 녹아있는 카페인의 양은 일반적인 아메리카노에 비해서 많을 수 있다는 것은 주지의 사실이다.

 프렌치 프레스(French Press) 추출

유리로 된 용기에 분쇄된 커피를 넣고 뜨거운 물을 부어 거름망이 달린 프레스기로 눌러 커피를 우려내는 추출방법이다.

프렌치 프레스

프렌치 프레스는 상당히 간단한 추출도구로 세계 전역으로 쉽게 퍼졌기에 다양한 이름이 있다. 이탈리아에서는 Cafettiera a stantuffo(영어로 Potted coffee maker의 뜻)라고 부르며, 호주나 아프리카에서는 플런저(Plunger)로 불린다. 정작 프랑스에서는 프렌치 프레스라는 이름 대신 일반화된 상표(Bodum 등)로 부른다. 이 프렌치 프레스란 말은 미국과 캐나다에서 쓰기 시작하였으며 현재는 플런저와 함께 가장 일반적으로 쓰이는 말이다.

단순한 침출의 방법으로 커피를 우려내고 그 찌꺼기는 말끔히 제거하기 때문에 커피의 기본적인 맛을 느낄 수 있다.

프렌치 프레스의 금속필터

종이 커피필터를 사용하지 않아 오일류와 함께 잡미 등도 같이 느낄 수 있다. 오일성분은 바디감의 상승으로 작용하지만 잡미는 조금 텁텁하게 느껴질 수 있다.

사용하는 원두의 굵기가 충분히 굵지 않으면 커피에 잡미가 많이 섞이거나 프레스기의 거름망 사이로 빠져나갈 우려가 있다.

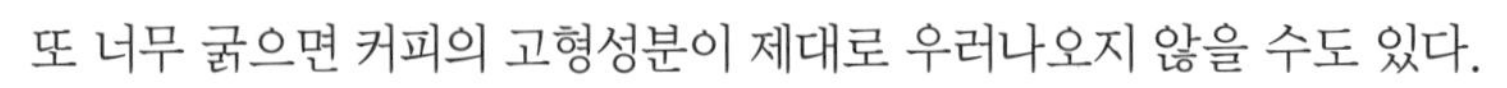

또 너무 굵으면 커피의 고형성분이 제대로 우러나오지 않을 수도 있다.

핸드드립 커피보다 조금 더 굵은 정도로 1.5mm 정도가 알맞다.

원두의 양은 추출수 100g당 6g 정도의 분량이 알맞고, SCA에서는 물 660g에 원두 36g을 사용하기를 권고한다.

8 모카포트(Moka Pot) 추출

물을 가열하여 만들어지는 수증기의 압력을 이용해 에스프레소에 가까운 가압추출 방식으로 메뉴를 만들어내는 방법이다.

그러나 에스프레소 머신보다는 훨씬 경제적이고도 간단한 구조로, 작은 커피머신이라는 뜻의 Macchinetta del caffe라는 이름으로도 불린다.

모카포트는 1933년 알폰소 비알레티(Alfonso Bialetti)라는 이탈리아인이 만들었다.

우리가 흔히 사용하는 모카(Mocha)가 아닌 Moka를 사용한 것은 최초 비알레티의 명명에서 유래된 것이다.

비알레티 모카포트

추출도구는 상단부와 하단부로 나뉘며 하단부에서 물이 끓으면서 수증기의 압력이 필터바스켓에 있는 원두를 통과하며 용해시켜 상단부로 커피가 추출되는 방식이다.

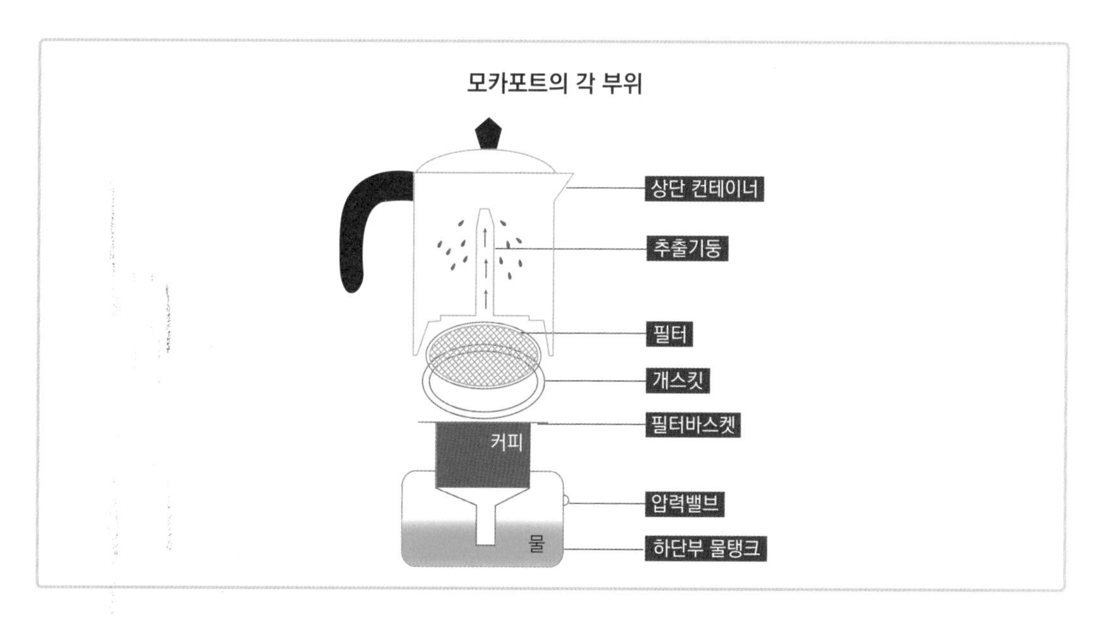

모카포트의 상단부(왼쪽), 하단부(중앙), 필터(오른쪽)

수증기가 강하게 생성될수록 압력이 높아져 커피 맛이 풍부해진다. 에스프레소처럼 9bar까지는 못 올라가지만 브리카(Brikka)의 경우 4-5bar 이상 올라가며 수용성 물질 이외에 지용성 물질도 잘 추출되어 만족스러운 바디감과 크레마를 얻을 수 있다.

브리카는 상단부의 추출입구가 압력밸브추로 막혀 있어서 하단부의 물이 끓어도 수증기의 압이 그대로 축적된다. 어느 일정시점의 압에서는 압력밸브추가 열리면서 커피가 추출되는데 이때 크레마도 같이 올라오는 것이다.

사용하는 원두는 에스프레소처럼 풍부한 바디감과 좋은 질감의 크레마를 얻고자 하면 조금 강배전 된 원두가 좋다. 그리고 분쇄도도 충분히 가늘게 분쇄한다.

⑨ 사이폰(Syphon) 추출

액체를 낮은 곳에서 높은 곳으로 올린 후 이를 다시 낮은 곳으로 내리기 위한 휘어진 관을 사이폰(Siphon)이라고 한다. 관과 튜브를 뜻하는 고대 그리스어를 어원으로 하며 Siphon과 Syphon이 같은 뜻으로 쓰인다.

현재에는 이러한 사이폰을 구조물로 이용하고 진공여과(眞空濾過)식으로 추출하는 도구의 대명사로 사이폰이라 부른다.

이 사이폰 커피의 가장 큰 매력은 시각적 효과에 있다. 과학 실험을 연상케 하는 플라스크들이나 비커 사이로 증기나 커피추출물이 오르락내리락하는 모습은 사이폰만의 커다란 특징이다. 그렇지만 역으로 물이 끓고 추출에 오랜 시간이 걸리면서 커피의 향미가 휘발되어 정작 음용할 때에는 많이 사라져 커피의 향미를 그대로 즐기기에는 적절치 않은 추출법으로 평가받기도 한다.

사이폰의 원리와 추출법

전통적으로 사이폰의 열원으로는 가스램프나 알코올램프를 써왔다. 그러나 최근에는 이를 전기 전열체나 빛과 함께 열을 내는 할로겐램프 등으로 대체하고 있다.

사이폰의 구조는 수증기가 올라왔다 커피를 머금고 다시 내려가는 상부의 로드와 물을 넣고 끓이는 하부의 구형 플라스크, 그리고 알코올램프나 할로겐램프를 쓰는 열원으로 구성되어 있다.

사이폰의 각 부위

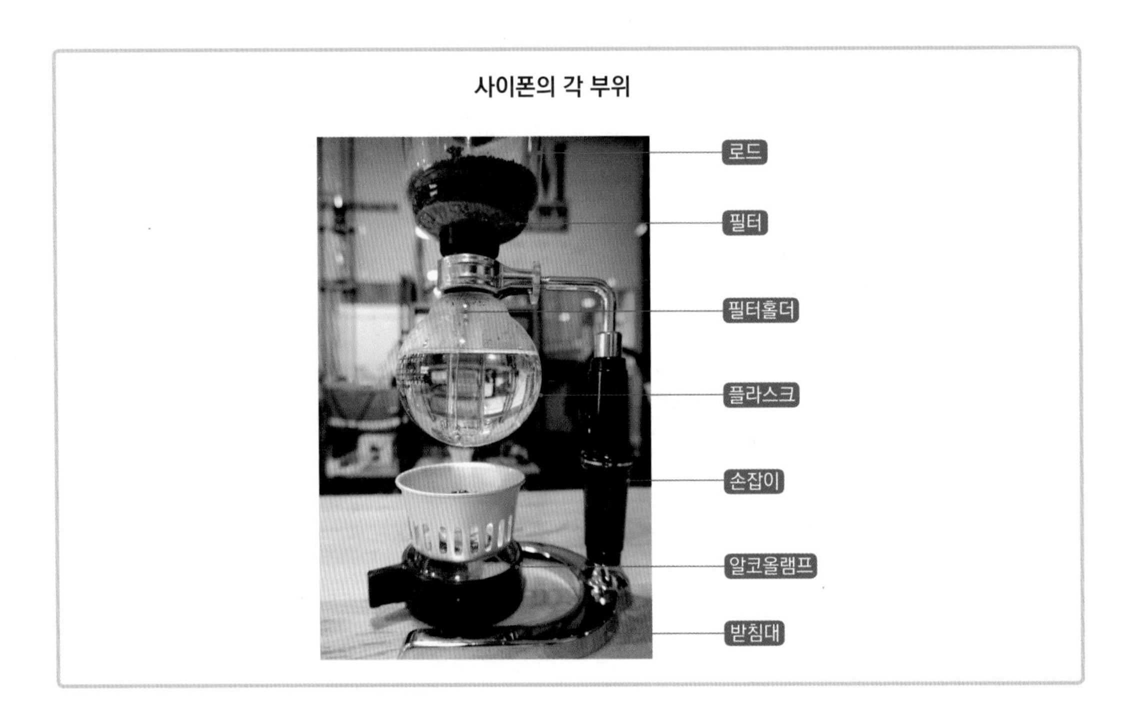

상부의 로드에는 사이폰필터와 필터홀더가 들어가 있고, 하부의 플라스크에는 추출 후에 음료를 제공할 수 있도록 손잡이와 받침대가 붙어 있다.

상부의 로드는 아래로 유리관이 길게 나와 있는 구조로 하부의 플라스크에 담그면 물까지 닿게 된다. 그 유리관 위에 필터가 장착되어 있어 추출된 커피가 다시 플라스크로 내려갈 때 걸러지게 된다.

하단의 플라스크에 담긴 물을 열원으로 가열하면 수증기가 압력을 만들어 하단 플라스크의 뜨거운 물이 상단의 로드에 연결된 관을 통해 위로 올라간다. 위로 올라간 뜨거운 물은 분쇄된 커피가루와 섞이며 커피액을 추출하고 온도가 떨어지면서 다시 하단의 플라스크로 돌아오는 원리이다.

이때 쓰이는 필터는 드립커피와 마찬가지로 융필터 또는 종이필터를 쓴다.

종이필터는 일회성으로 청소가 용이하며, 지방성 성분을 흡수하기 때문에 보다 깔끔한 커피가 추출된다. 융필터는 여러 번 사용할 수 있고, 지방성 성분을 흡수하지 않고 그대로 흘려보내기 때문에 바디감과 향미가 더욱 풍성한 커피가 추출된다.

사이폰 추출을 위한 적정 원두의 분쇄도는 프렌치 프레소보다는 조금 굵고 핸드드립보다는 조금 가는 정도의 굵기로 적당량을 분쇄한다. 물 100g당 10g의 원두가 적당하며 SCA는 커피 31g에 추출수 567g을 권장한다.

⑩ 이브릭(Ibrik), 체즈베(Cezve) 추출

마치 탕약을 달이는 듯한 커피 추출도구인 이브릭이나 체즈베를 이용하는 추출은 역사상 가장 오래된 커피 추출방법이다.

커피의 발원지인 아프리카에서 아라비아반도로 넘어간 커피는 이 지역을 지배하던 오스만 튀르크 제국의 음료가 되었다.

이들은 긴 손잡이가 달린 냄비형태의 그릇에 커피와 물, 그리고 때에 따라서는 약간의 향신료를 넣고 같이 끓여 커피액만을 걷어 마셨다.

오스만 튀르크 제국은 오늘날 터키지역이라 터키식 커피(Turkish Coffee)로 널리 알려져 있다. 현재 터키뿐만 아니라 중동지역에는 여전히 널리 사용되고 있으며 이브릭이나 체즈베로 커피를 추출하는 경연대회도 열리고 있다.

원래 이브릭(Ibrik)은 터키어로 '물병'을 뜻한다. 그리고 체즈베(Cezve)는 '커피포트'를 뜻한다. 통상적으로 이브릭은 뚜껑이 달린 추출기구, 체즈베는 뚜껑이 없는 추출기구를 지칭한다. 영어권에서는 이브릭이 먼저 전파되어 통상적으로 체즈베나 이브릭의 구분 없이 이브릭으로 쓰이기도 한다.

추출법

적당량의 커피원두를 이브릭이라고 하는 긴 손잡이가 달린 구리 용기에 물과 함께 넣는다. 이때 쓰는 분쇄원두는 마치 밀가루와도 같이 곱게 빻는다. 때로는 에스프레소보다도 더 곱게 빻는다.

지역적 특성이나 취향에 따라 설탕이나 향신료와도 같은 첨가물을 넣기도 한다.

이브릭에 담긴 물과 고운 커피가루가 끓어오르며 거품을 일으키면 이를 저어준 후 불에서 띄워 온도가 떨어지면서 거품이 가라앉도록 한다. 다시 불 위에 올렸다가 또 끓어오르면 불에서 띄우는 과정을 여러 차례 반복한다.

이렇게 수차례 반복적으로 끓어오르며 커피의 고형성분들이 상당량 추출되면 무척 진하면서도 묵직한 맛의 커피가 완성된다. 이브릭의 상단부에 있는 주둥이를 통해 위의 커피용액만을 컵에 따라 내어 제공한다.

이때 남은 커피가루의 모양을 보고 점을 치는 습관이 오랜 전통으로 터키에 남아있다.

Tip

분쇄도의 굵기 순

프렌치 프레스 > 더치커피 > 사이폰 > 모카포트 > 에스프레소 > 이브릭, 체즈베

Coffee

V

커피메뉴

커피메뉴

1 에스프레소 기반

1) 에스프레소

에스프레소(Espresso)는 이탈리아어로 빠르다(Express)는 어원에서 유래되었다. 즉 빠른 속도로 그 즉시에서 신속하게 추출이 이루어지는 아주 진한 이탈리아식 커피메뉴이다.

기본적으로는 ① 7-9g의 ② 가늘게 분쇄된 원두로 ③ 9bar의 압력을 이용해 ④ 92도의 물로 ⑤ 25초간 ⑥ 1oz의 용액을 추출한 것을 에스프레소라 이른다.

에스프레소 1oz 추출

약 1oz(25-30ml)의 양으로 추출된 에스프레소는 에스프레소용 잔에 담겨 제공된다.

이 도자기로 만들어진 조그마한 에스프레소용 잔을 데미타세(Demitasse)라고 부른다. 데미타세는 프랑스어로, 데미(Demi)는 절반 크기를 일컫고, 타세(Tasse)는 컵을 의미한다. 즉 데미타세는 절반 크기의 컵이라는 명칭으로 에스프레소를 담아내기 적절할 정도로 크기가 작다.

에스프레소 잔의 메뉴

에스프레소는 기본적으로 쓴맛과 함께 고소하면서도 달콤한 맛이 난다.

또한 에스프레소는 커피메뉴 대부분의 기본이 되는 커

피의 심장과도 같은 메뉴이다.

2) 리스트레토(Ristretto)

에스프레소가 추출될 때 각 시간별로 추출되는 성분과 맛이 다르다.

추출 초기에는 신맛이 추출되고 중기에는 단맛이, 후반부에는 쓴맛이 주로 추출된다.

이는 맛을 구성하는 각기의 분자활동량이 다르기 때문이다. 활동성이 좋은 신맛을 나타내는 분자들은 추출 초기에 물에 녹아나오며, 활동성이 낮은 쓴맛을 나타내는 분자들은 뒤늦게 추출 말기에 물에 녹아나온다.

리스트레토 1oz 미만 추출

따라서 25초의 기준 추출시간 중 후반부의 5초나 10초가량을 끊어주면 말미에서 나오는 쓴맛이 감소되어 좀 더 부드럽고 단 에스프레소 메뉴를 만들 수 있다.

이렇게 추출시간이 줄어들어 양이 적은 에스프레소를 리스트레토(Ristretto)라 한다. 이탈리아어로 Ristretto는 매우 협소함을 뜻한다.

이때 유의할 점으로는 추출시간은 빨라지고 추출량이 줄어들지 않는 경우는 리스트레토라 하지 않는다.

이 경우는 에스프레소가 과소추출된 것이다.

에스프레소가 가진 맛 중 고소함과 단맛은 배가되고, 쓴맛은 줄어들며, 깔끔함이 인상적으로 남는 메뉴이다.

3) 룽고(Lungo)

리스트레토와는 반대되는 의미로 일반적인 에스프레소보다 추출시간도 길게 하고 추출량도 늘린 메뉴이다.

룽고란 단어는 이탈리아어로 '길다'란 뜻으로 영어의 롱(Long)과 같은 단어이다.

유의할 점은 추출량의 증가와 함께 추출시간도 증가하여야 하는 것이다.

룽고 1oz 이상 추출

즉 에스프레소의 기본 추출조건과는 동일하되 25초 만에 끊어지지 않고 좀 더 긴 시간 동안 추출이 지속되는 것이다.

바리스타에 따라 40-50ml 정도를 추출하기도 하고, 거의 한 잔의 음료가 완성되는 100ml 이상을 추출하기도 한다.

만일 그대로 제공한다고 하면 에스프레소보다는 많은 양에 농도는 옅은 음료가 된다.

아메리카노를 만든다고 하면 같은 샷일 경우 룽고는 일반적인 에스프레소보다 더 진한 맛이 된다.

그러나 추출의 후반부에서는 쓴맛을 표현하는 분자물질들이 주로 추출되며, 30-40초가 지나가면 급격히 추출농도가 낮아지기 때문에 너무 과도한 양을 추출하는 것은 바람직하지 않다.

주로 진한 아메리카노를 만들 때 쓰이며, 룽고 자체의 맛은 깔끔함보다는 대중적인 고소한 맛을 지향한다.

4) 도피오(Doppiop)

도피오는 이탈리아어로 더블(Double)을 뜻한다.

말 그대로 두 잔의 에스프레소를 의미한다. 투샷(Two Shot)의 에스프레소 50-60ml를 내려 제공한다.

리스트레토나 룽고도 도피오로 제공될 수 있다.

에스프레소가 너무 적은 양이 제공되기에 좀 더 충분히 즐길 수 있는 양의 에스프레소를 제공하기 위하여 만들어지는 메뉴이다.

기본적으로 맛은 에스프레소와 동일하다.

도피오 잔에 추출한 2shot

5) 아메리카노(Americano) vs 롱블랙(Long Black)

에스프레소를 뜨거운 물로 희석하여 제공하는 음료로 미국인의 캐주얼(Casual)한 성향과 잘 맞아떨어져 아메리카노라는 이름이 붙게 되었다. 이 아메리카노는 현재 전 세계에서 가장 많이 즐기는 음료로 자리잡았다.

롱블랙은 호주나 유럽문화권에서 주로 사용되는 이름의 메뉴로 아메리카노와는 별 차이가 없이 쓰인다.

단지 아메리카노는 에스프레소 샷 위에 뜨거운 물을 부어주어 진한 농도의 커피가 아래에서부터 확산되는 방식이고, 롱블랙은 뜨거운 물 위에 에스프레소 샷을 부어 진한 농도가 커피의 윗부분에서부터 확산되는 방식이다.

맛에서는 미묘한 차이가 감지된다. 롱블랙이 조금 더 진하게 느껴지고 아메리카노가 조금 더 부드럽게 느껴지는 정도이다.

커피 크레마의 경우 아메리카노는 샷 위에 물이 들어가면서 크레마가 깨지고, 롱블랙은 물 위에 샷을 조심스럽게 부으면서 크레마를 최대한 살릴 수 있다.

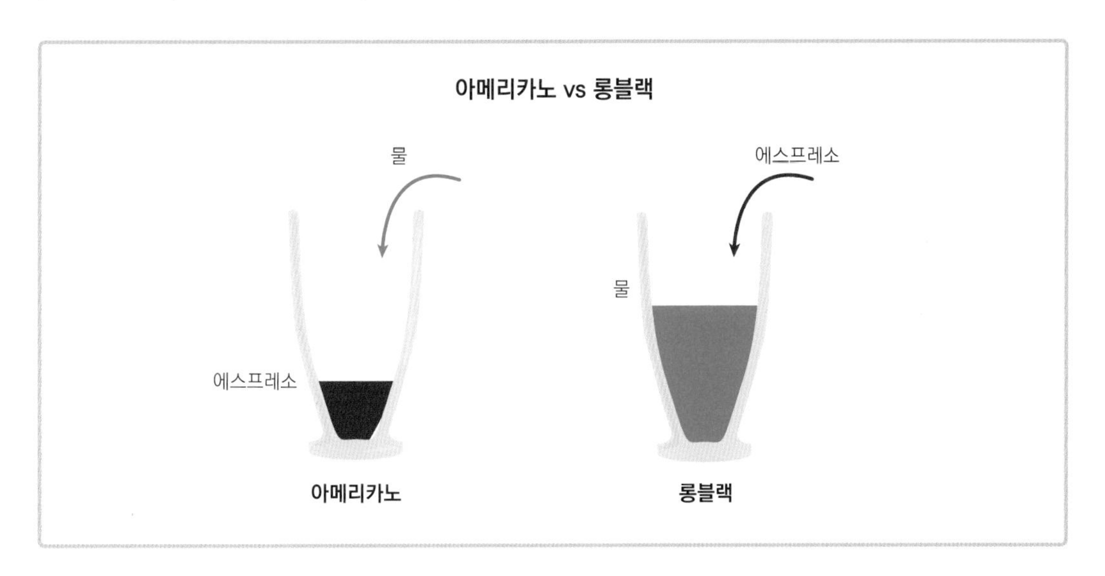

2 밀크 베이스

1) 우유 스티밍(Milk Steaming)의 원리

에스프레소에 우유가 들어가는 모든 뜨거운 메뉴는 반드시 우유 스티밍이 수반된다.

이때 우유 스티밍 과정 중에 우유의 온도가 올라가며 만들어지는 우유거품이 곱고 미세할수록 메뉴의 단맛은 더욱 배가되며 입 안에서 느껴지는 감촉(Mouth Feel) 또한 부드러워 훌륭한 한 잔의 메뉴로 완성될 수 있다. 우유거품이 고울수록 메뉴의 지속성도 뛰어나다.

이러한 고운 우유거품을 벨벳밀크(Velvet Milk) 또는 실키 폼 밀크(Silky Form Milk)라고 칭한다.

이러한 스팀밀크는 에스프레소 머신의 보일러 내부에 있는 강한 압력으로 인하여 만들어지는 수증기를 스팀노즐을 통하여 발산하여 이를 우유 안에 주입하여 스팀밀크를 만든다.

우유거품이 생성되는 원리는 스팀이 스팀노즐을 통해 나와 우유 안으로 들어가면서 압력차로 인하여 주위의 공기를 같이 가지고 우유 속으로 들어가는 것이다. 마치 비행기가 빠른 속도로 지나가면 그 주위의 공기가 같이 빨려 들어가는 것과 같은 이치이다.

이때 스팀 노즐이 우유 표면과 멀어 너무 많은 공기를 주입하면 거친 거품이 형성되고, 스팀 노즐이 우유 표면 안에 위치해 있어 공기를 주입하지 못하면 거품이 없이 수증기로 인해 우유의 온도만 급격히 올라가게 된다. 따라서 스팀노즐이 우유표면에 닿을 듯 말 듯 하면서 적정량의 공기가 주입되도록 해야만 한다.

이렇게 주입된 공기는 스팀노즐에서 나오는 강한 압력으로 인해 스팀피처(Steam Pitcher) 안에서 회전하고 쪼개지고 부서지면서 아주 미세한 공기방울로 나뉘어 벨벳밀크가 된다.

2) 스팀밀크의 온도

우유는 고온에서 세포벽이 파괴되며 카제인과 유청 단백질이 녹아나오면서 응고가 시작된다. 유청 단백질은 락토알부민(lactoalbumin) 및 락토글로불린(lactoglobulin)이 대부분을 차지하는 주요 성분이며 열에 잘 응고된다.

40도가 넘어가면 수분이 증발하기 시작하면서 우유성분 중 단백질이 농축되고 공기와 지방과의 경계면에 단백질이 응고되기 시작한다.

따라서 스티밍의 완료는 70도 이전에 약 65도가량에서 끝을 내어야 한다.

공기의 주입은 40도 이전, 약 35도가량에서 마무리를 짓고 40도가 넘어가면 주입된 공기를 잘게 쪼개면서 우유와 혼합될 수 있도록 계속적으로 롤링(Rolling)한다.

스티밍 시간이 길어지면 오랫동안 수증기가 들어가 자칫 맛을 밋밋하게 만들 수도 있다.

따라서 되도록 차게 보관하여 저온에서 스티밍을 시작하되 강한 압력으로 20-30초 이내로 빨리 공기의 주입과 혼합을 마무리하도록 한다.

3) 라테아트의 원리

커피의 크레마는 오일성분이다. 우유 또한 유지방을 함유하고 있다. 두 가지 지방 물질이 서로 조화를 이루지 못하고 분리되어 있거나 뭉쳐져 있으면 육안으로 보기에도 좋지 않고 맛도 부자연스러워 소비자의 선호를 받지 못할 것이다.

에스프레소의 생명과도 같은 요소인 크레마에 벨벳밀크로 스티밍된 고운 우유가 결결이 들어가 만들어지는 밀크 베이스 음료는 바리스타의 예술적 감각이 표현되는 것뿐만 아니라 최상의 고운 우유거품과 최적의 크레마 상태로만 만들어지는 경쟁력 있는 메뉴라 할 것이다.

단순한 에스프레소 기반의 메뉴나 시럽 등의 향이 강한 재료가 들어가는 메뉴는 바리스타 고유의 영역이 발휘될 부분이 상대적으로 적다.

그렇지만 크레마와 우유거품이 각기 선명하게 분리되면서도 조화를 이루는 밀크 베이스 음료는 바리스타만의 특화된 영역으로 이루어지는 메뉴인 것이다.

라테아트를 위하여는 필수적으로 안정적이면서 풍부한 크레마가 필요하다.

갓 볶아서 나온 원두는 가스성분을 많이 함유하고 있어 크레마 거품의 두께는 두터우나 거칠고 안정성이 떨어진다. 또한 로스팅된 지가 오래된 원두는 크레마의 거품층이 얇을 뿐더러 지속성도 떨어진다. 가장 좋은 상태의 원두는 숙성된 지 수일 정도 지나 안정적이면서도 풍부한 크레마가 추출되는 원두이다.

다음으로 중요한 것이 미세하고 고운 벨벳밀크이다.

우유 안에 들어있는 유지방은 공기와 결합하지 못하지만 스팀이 들어가 온도가 높아지면 세포벽 사이로 단백질이 녹아나오면서 지방과 공기를 같이 감싸게 된다. 이렇게 미세한 공기방울을 끌어안은 벨벳밀크는 가벼워서 지방성분인 크레마 위에 뜨게 된다.

이렇게 커피 잔 위에 뜨는 거품은 미세한 손놀림으로 그림의 형상을 갖추기도 하고 패턴을 형성하기도 하는 것이다.

즉 크레마는 도화지 역할을 하고 우유는 물감 역할을 하며 두 지방성분이 서로 섞이지 않고 자신의 영역을 형성하면서 조화를 이루어 그림이 그려지는 것이다.

4) 다양한 라테아트

라테아트는 잔의 모양, 우유를 붓는 높이, 우유가 크레마 사이로 들어가는 유량, 유속, 우유거품의 질, 바리스타의 핸들링 등에 따라 다양한 형태의 모습으로 나타난다.

❶ 결하트

❷ 로제타

❸ 튤립

❹ 밀어넣기

❺ 프리푸어링(Free Pouring)

5) 베리에이션 메뉴

❶ 카페 라테(Caffe Latte)

이탈리아어로 카페(Caffe)는 커피, 라테(Latte)는 우유라는 뜻으로 에스프레소에 우유를 넣어 만든 음료이다.

우유를 데우는 과정에서 스팀을 넣어 거품을 만들어 제공한다. 커피 잔에 올라가는 거품의 두께는 5mm 이상 1cm 이내가 가장 적당하다. 거품은 곱고 미세할수록 단맛이 더 잘 표현된다.

주로 뜨거운 음료로 제공되지만 최근 들어 얼음이 들어간 냉음료의 형태로 제공되기도 한다. 냉음료로 제공될 때에는 스팀으로 거품을 내지 않고 찬 우유를 사용한다.

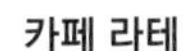
카페 라테

아이스 카페 라테

❷ 카푸치노(Cappuccino)

에스프레소에 우유와 우유거품이 함께 들어가는 메뉴로 카페 라테와의 차이로는 우유거품을 들 수 있다.

라테보다는 조금 더 거칠고 많은 양의 거품이 메뉴 안에 들어간다.

제공되는 메뉴의 거품 두께는 최소 1cm 이상 되어야 하며 풍성한 우유거품이 눈으로 보여야 한다.

라테 잔을 사용할 시에 각 성분에 대한 잔의 높이에 대한 비율로는 위에서부터 거품 : 우유 : 에스프레소가 1 : 1 : 1이 되도록 해주고, 양에 따른 비율로는 2 : 2 : 1의 비율로 잔 안에 들어가게 된다.

냉음료를 제공할 때에는 스팀으로 거품을 내지 않고 찬 우유를 거품기나 프렌치 프레스를 사용하여 거품을 낸다.

카푸치노

아이스 카푸치노

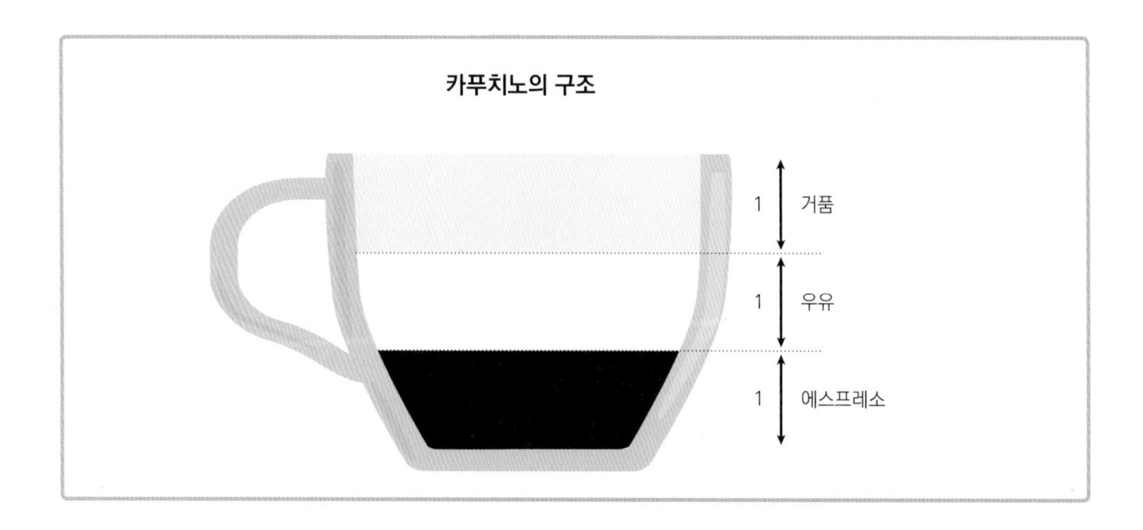

❸ 플랫 화이트(Flat White)

호주에서 시작되어 인기를 얻고 있는 에스프레소와 벨벳밀크를 혼합한 음료이다.

카페 라테와 기본적으로 같지만 상대적으로 에스프레소의 양이 많아 더 진하고 우유거품은 더 고운 것이 차이점이다.

에스프레소를 중심으로 즐기되 우유(White)를 섞어 좀 더 편안하게(Flat) 즐기기 위해 만들어진 음료이다.

메뉴에서 우유거품은 5mm 이내의 두께로 가능한 한 부드럽게 거품을 내도록 한다. 에스프레소를 중심으로 즐기는 메뉴이기 때문에 기본적으로 2shot을 추출하여 메뉴를 만든다.

플랫 화이트

우유가 많이 들어가 에스프레소의 맛을 너무 희석하지 않도록 잔은 되도록 라테 잔보다 조금 작은 것을 사용한다.

❹ 피콜로 라테(Piccolo Latte)

역시 호주에서 시작하여 인기를 얻고 있는 에스프레소와 벨벳밀크를 혼합하여 만든 음료이다.

이탈리아어로 피콜로는 작다(Small)는 뜻이며 작은 잔에 부드러운 플랫 화이트를 즐기기 위한 음료이다. 작은 잔에 주로 에스프레소 1샷을 사용하며 우유의 거품 역시 플랫 화이트처럼 최소화하여 부담없이 즐긴다.

우유 베이스보다 에스프레소 베이스인 음료를 마시고 싶은데 2shot이 부담스러울 경우 적절한 메뉴라 하겠다.

피콜로 라테

❺ 카페 모카(CAffe Mocha)

에스프레소와 벨벳밀크 이외에 초코시럽을 첨가한 메뉴이다.

과거 예멘의 모카항에서 송출되던 '단맛이 나는 커피'가 유명해지자 초코시럽이 들어간 단 커피 음료가 카페 모카로 이름 지어졌다.

우유 위에 생크림이나 초코소스로 장식한 후 마무리할 수도 있다.

냉음료로 제공될 때에는 스팀으로 거품을 내지 않고 찬 우유를 그냥 사용한다.

카페 모카

아이스 카페 모카

❻ 카페 마키아토(Caffe Macchiato)

카페 마키아토는 에스프레소 마키아토(Espresso Macchiato)라고도 불린다.

마키아토(Macchiato)는 이탈리아어로 점 또는 얼룩을 뜻한다. 즉 추출한 에스프레소 위의 크레마에 점을 찍듯 또는 얼룩을 내듯 약간의 우유거품을 올려 제공하는 메뉴이다.

아주 소량의 우유와 우유거품을 넣기에 에스프레소 잔과 같은 작은 잔에 제공한다.

작은 잔의 카페 마키아토

에스프레소 위에 2-3스푼의 우유거품만을 올려서 제공하기도 하고, 소량의 우유를 스팀 낸 후 모양을 내면서 부어 제공하기도 한다.

❼ 라테 마키아토(Latte Macchiato)

카페 마키아토와는 반대로 스팀 우유 위에 점을 찍듯 또는 얼룩을 내듯 에스프레소를 부어 제공하는 메뉴이다.

카페 마키아토보다는 훨씬 많은 양의 우유가 들어가고 에스프레소는 주로 1샷이 사용된다.

일반적으로 보통 크기의 커피 잔에 제공된다.

라테와는 달리 에스프레소가 스팀우유와 섞이지 않도록 살며시 부으며 풍부한 우유의 부드러운 맛을 즐길 수 있다.

라테 마키아토

❽ 아인슈패너(Einspanner)

오스트리아의 비엔나에서 마부들이 커피가 식지 않도록 위에 생크림을 올렸던 일화에서 유래되어 일명 '비엔나 커피'로도 불린다.

기본적으로 에스프레소를 약간의 물로 희석한 후 생크림을 휘핑하여 올린 것을 아인슈패너라 한다.

부드러운 생크림을 올린 아인슈패너

단단한 생크림을 올린 아인슈패너

❾ 카페 콘 파나(Caffe Con Panna)

이탈리아어인 콘 파나(Con Panna)는 '크림과 함께'라는 뜻이다. 즉 생크림과 함께 마시는 에스프레소를 뜻한다.

에스프레소 위에 생크림을 휘핑하여 올린다. 양이 적기 때문에 주로 데미타세에 제공한다.

아인슈패너는 에스프레소를 물로 희석하여 생크림을 올리지만 카페 콘 파나는 에스프레소 위에 생크림을 바로 올린다.

카페 콘 파나

바리스타를 위한
커피교과서

Coffee

VI

로스팅

로스팅

1 로스팅의 의의

커피는 드물게도 열매의 과육을 취하는 것이 아니라, 그 안의 씨앗인 생두(Green bean)를 열로 가열하여 조리한 후 이를 물로 추출하여 음용한다. 비로소 생두에 열을 가하는 배전(Roasting) 과정을 통해서만 쉽게 맛을 느낄 수 있도록 물에 용해되는 성분이 녹아나오는 원두(Roasted bean)가 된다.

생두에 200도 이상의 열을 가하여 생두 내부조직에 물리적, 화학적 변화를 일으킴으로써 세포조직을 파괴하여 그 안에 있던 여러 성분(당, 지질, 유기산, 카페인을 비롯한 무기물질들)을 밖으로 방출시켜 맛과 향을 표출하는 것이 바로 로스팅이다.

보통 로스팅을 하지 않은 커피콩을 생두(Green Bean)라 칭하고, 로스팅이 완료되어 음용할 수 있는 커피콩을 원두(Roasted Bean or Whole Bean)라 한다.

수많은 산지에서 여러 펄핑과정을 거쳐온 생두의 조건과 상태는 아주 다양하다. 즉 생두의 크기와 밀도가 다르고, 수분 함량이 다르고, 펄핑과정에서 오는 상태가 다르고, 품종, 수확시기, 저장상태와 기간 등 이루 헤아릴 수 없는 많은 조건이 다르기에 로스팅의 절대적 공식은 없다.

따라서 경우에 맞추어 생두가 가진 고유의 맛과 향을 최대한 살릴 수 있는 가장 알맞은 로스팅 방법을 결정해야 한다.

또한 맛과 향이 외부에서 주입되는 것이 아니라 커피 원두의 성분 속에서 나오는 것이므로 배전 과정에서 이것을 찾아내야 하며, 배전의 기술은 곧 원두를 가공하여 맛을 결정짓는 가장 중요한 노하우이기도 하다.

로스팅

2 로스터기의 종류와 로스팅 구조

1) 직화식 vs 열풍식 vs 반열풍식

화력공급 방식에 의한 분류이다.

<table>
<tr><td rowspan="3">직화식</td><td colspan="2">화력이 드럼의 구멍을 통하여 직접 드럼 내부의 커피를 로스팅하는 방식
일본의 후지로얄(Fuji Loyal)과 본막(Bonmac) 등이 대표적 브랜드이다.</td></tr>
<tr><td>장점</td><td>구조가 단순하여 고장이 적고 관리가 용이하다.
커피의 맛과 향이 직접적으로 표현되므로 로스터의 개성을 발현할 수 있다.
드럼에 타공이 되어 있어 직접 열을 전달하므로 드럼이 두꺼울 필요가 없어 예열시간이 많이 단축된다.</td></tr>
<tr><td>단점</td><td>콩의 팽창이 약하여 겉만 타버리는 경우도 쉽게 발생할 수 있다.
주로 전도열만을 사용하므로 열이 부분부분에 골고루 전달이 되지 않아 결과물이 고르지 않을 수 있다.
로스팅 시 발생하는 연기의 양이 상대적으로 많다.
로스팅룸의 온도, 기압, 환기 등 외부환경에 민감하게 반응하여 로스터의 세심한 주의가 필요하다.</td></tr>
</table>

<table>
<tr><td rowspan="3">반열풍식</td><td colspan="2">화력의 일부는 드럼을 달구어 전도열로 커피를 로스팅하고 일부는 드럼 뒤쪽을 통하여 드럼 내부로 전달되는 대류열에 의해 로스팅되는 방식
사용자의 편리성이 뛰어나고 안정적인 로스팅이 가능하여 가장 보편적으로 사용된다.
독일의 프로밧(Probat), 미국의 디드릭(Diedrich), 네덜란드의 기센(Giesen),
터키의 오즈터크(Ozturk) 하스가란티(Hasgaranti), 토퍼(Topper), 골든로스터(Goldenroaster) 등이 대표적이다.
특히 터키는 일찌감치 전래된 커피문화로 인해 로스팅머신 산업이 일찍이 발달했다.</td></tr>
<tr><td>장점</td><td>균일하면서 안정적인 커피의 맛과 향을 표현해 낼 수 있다.
드럼 내부에 열이 집중되면서 원두의 조직팽창에 유리하다.
안정적인 열전달이 가능하면서 바디감이 좋아지고 원두의 상태가 균일해진다.
로스팅룸 내부환경의 영향을 덜 받아 로스터의 프로파일 구현에 유리하다.</td></tr>
<tr><td>단점</td><td>직화식에 비해 안정적인 로스팅이 가능하지만 개성연출 면에서는 불리하다.
두터운 주물 드럼이나 스테인리스 드럼은 안정적인 로스팅과 연결되어 예열시간이 길다.
로스팅이 완료된 이후에도 두터운 드럼이나 축의 수명연장을 위해 긴 시간 공회전을 해야만 한다.</td></tr>
<tr><td rowspan="3">열풍식</td><td colspan="2">드럼의 통로를 통해 강한 열풍을 불어넣어 원두 사이에서 대류열을 순환시켜 로스팅하는 방식
미국의 로링(Loring) 등이 대표적이다.</td></tr>
<tr><td>장점</td><td>기기 설비의 가격이 상대적으로 고가이다.
가장 안정적인 방식이지만, 역으로 가장 개성을 살리기 어려운 방식이다.
원두 각기의 개성을 살리기 위해 로스터가 할 수 있는 역할이 적다.</td></tr>
<tr><td>단점</td><td>가장 균일한 로스팅이 가능하며 배전시간이 짧아지는 특징이 있다.
화력의 직접적 전달이 없으므로 프로파일의 통제가 쉽게 가능하다.
다양한 열원으로도 균일한 배전이 가능하다.</td></tr>
</table>

2) 전기식 vs 가스식

사용연료에 따른 분류로 대표적 열원은 가스와 전기이다.

가스식	LPG, LNG 등을 열원으로 사용한다. LPG는 LNG보다 압력이 더 강하여 좀 더 가는 밸브를 사용한다. 전기식보다 배전시간이 짧고 맛의 특성이 잘 연출되는 것이 특징이다. 배기되는 연기가 상대적으로 많으며, 이동이나 설치 및 사용에 제한이 따른다. 대부분의 로스팅머신이 가스식을 사용하고 있다.
전기식	전기에 의한 화력공급 방식으로 전기코일, 전기드럼가열, 할로겐 등을 사용한다. 보편적으로 가스식보다 배전시간이 길고 맛이 균일하고 부드러운 것이 특징이다. 그러나 소형로스터의 경우에 대류열을 사용할 경우 배전시간이 반대로 짧아질 수도 있다. 콩의 개성을 연출할 수 있는 부분이 적어 디테일한 로스팅에는 적합하지 않다. 배기되는 연기가 상대적으로 적다는 것이 가장 큰 장점이다. 주로 소형 가정용, 특별한 경우 공장에서 제작된 주문제작형 등에 사용된다.

기타방식	숯불배전, 등유나 경유를 사용하는 화력에 의한 배전 등이 있다. 가스식이나 전기식의 경우 복사열을 사용하는 데 한계가 있어, 원적외선을 방출해 복사열을 사용할 수 있는 연료를 사용하는 경우도 있다.

3) 로스팅 구조

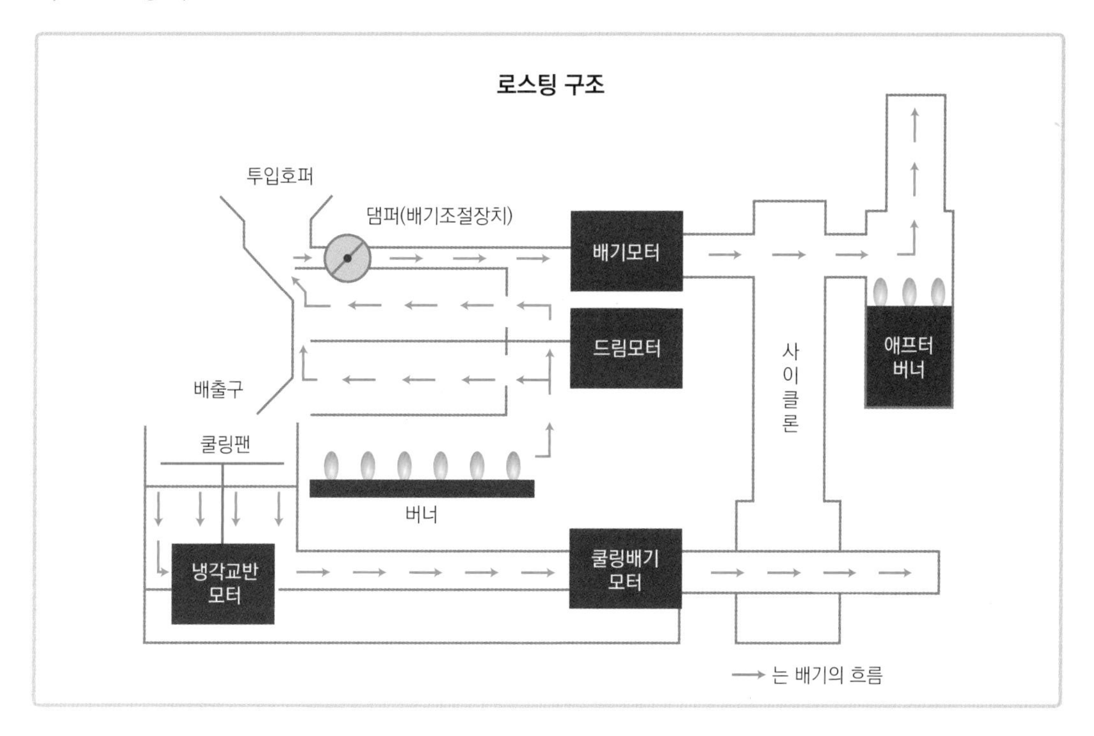

3 단계별 로스팅 과정

0단계 : 예열과 투입

▶ 로스터기에 콩을 투입하기 전에 우선 로스터기 드럼을 충분히 예열해 주어야 한다. 드럼 전체가 균일하게 열에너지를 지니고 있기 위하여는 약한 불로 천천히 그리고 충분히 드럼을 가열해주어야만 한다. 5mm 두께의 드럼을 가진 반열풍로스터기를 기준하여 최소 20분 이상 약한 불로 예열하도록 하며 그보다 두꺼운 드럼의 경우는 그 이상의 예열이 필요하다. 또는 한 번 예열한 후 적정온도에 도달하면 열원을 끄고 어느 정도 식힌 후 다시 예열하여 드럼이 충분한 열에너지를 골고루 지닐 수 있도록 하는 것도 좋다.

직화식 로스터기나 열풍식 로스터기의 경우는 예열시간이 좀더 단축된다. 열풍식 중에서도 드럼 없이 원통에 투입한 생두를 뜨거워진 공기로만 로스팅하는 비드럼형 열풍식 로스터기의 경우 아예 예열이 없을 수도 있다.

▶ 투입할 때 온도는 각 콩의 특성과 로스터기의 성향에 따라 다르다.
같은 종류의 로스터기에서도 드럼 안의 온도 센서가 위치한 상태에 따라서 온도는 각기 달리 표시될 수도 있다.
따라서 로스터의 경험적 수치를 통해 투입온도를 결정하는데, 보통 드럼온도 200도 내외에서 투입한다.
보편적으로 에스프레소용 배전의 경우는 좀 더 높은 온도에서 투입하고 드립용 배전의 경우는 더 낮은 온도에서 투입한다.

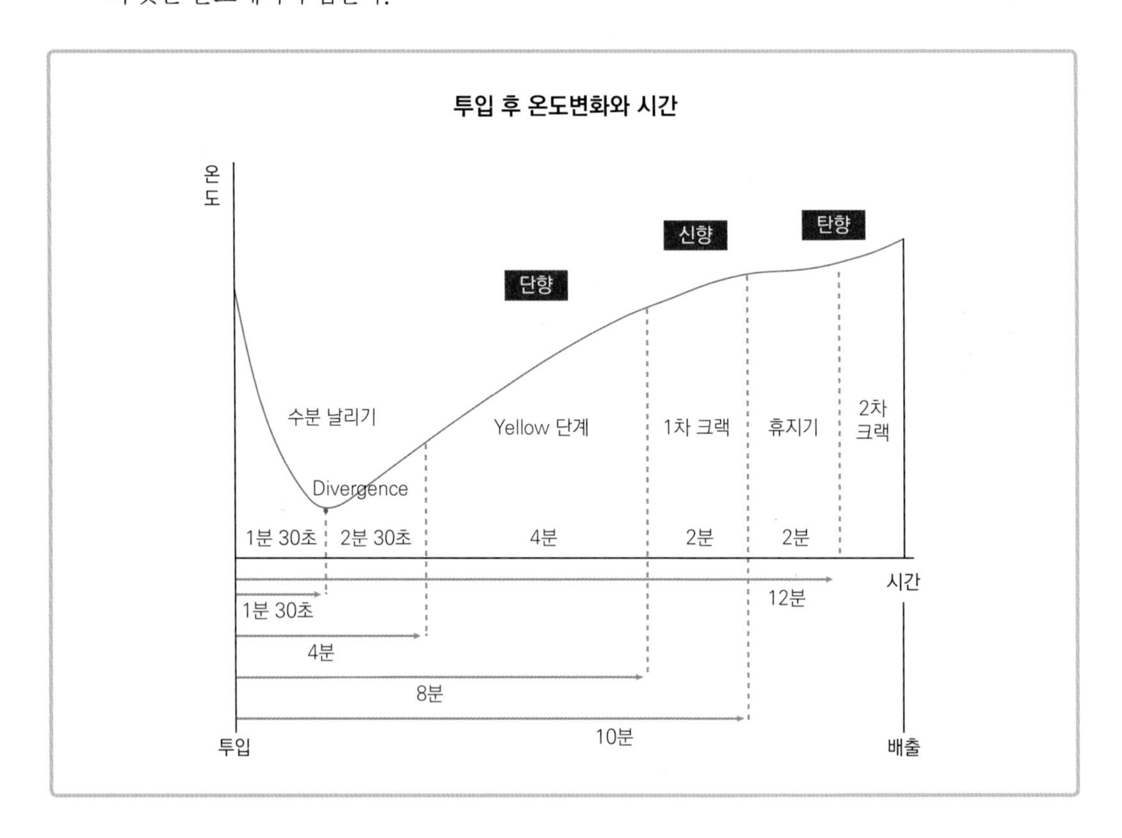

1단계 : 수분 날리기(건조단계) – 흡열반응

▶ 콩의 최초 투입부터 콩의 내부온도가 100도에 도달할 때까지로 이때 수분의 대부분(90%가량)이 공기 중으로 날아가게 된다.

▶ 수분 날리기가 충분하지 않으면 원두에서 나는 풋향 등의 원인이 될 수 있어 너무 높지 않은 온도로 충분한 시간을 둔다.

▶ 수분 날리기 시간이 너무 길어지면 로스팅 결과물이 안정적이 되나 로스팅 시간이 길어져 자칫 향미의 유실이나 베이크된 텁텁한 맛의 원인이 될 수도 있으니 적정한 시간을 두고 진행한다.

▶ 원두가 열을 흡입해나가는 흡열반응이 시작된다.

▶ 수분이 증발되는 시간 동안은 풀냄새와 같은 좋지 않은 향미를 발산한다.

▶ 약 3-4분 동안 지속된다.

수분 날리기가 완료된 커피콩

2단계 : 갈변화 단계(Yellow단계) – 흡열반응

▶ 3-4분 정도가 지나면 콩의 내부온도가 100도가 넘어가면서 콩의 내외부 조직에 본격적으로 열이 침투하며 1차적으로 CO_2가 발생한다.

▶ 원두의 색은 푸른빛에서 밝은 녹색과 황록색을 거쳐 엷은 노란색으로 바뀌어 간다.

▶ 향은 풋내에서 고소한 빵냄새로 변화하며 단향이 점차 증가하다가 다시 후반부로 가면서 고소한 단향이 점차 사라지며 신향이 발현되기 시작한다.

갈변화 중인 커피콩

▶ 이때 샘플봉을 이용하여 콩의 진행상황을 눈과 코로 지속적으로 체크하며 열의 강약을 조절하거나 대류의 강약을 조절해 나간다.

3단계 : 1차 크랙 – 발열 반응

▶ 8분 내외가 되면 열을 흡입하던 원두는 다시 열을 방출하는 발열반응으로 전환된다.
원두 내부의 조직이 팽창하면서 벌어지고 열을 방출시키기 시작하는 단계이다.
이 시점이 로스팅의 전체 프로파일링 중 가장 중요한 단계로 여겨진다.

▶ 이때 콩의 부피는 급격히 증가하고 조직은 성겨진다. 생두 대비 약 50%가량 팽창한다.

1차 크랙이 시작된 커피콩

▶ 콩의 세포 내부의 수분이 기화하며 8Bar까지의 기압이 발생하고 탄수화물이 산화하면서 많은 양의 CO_2가 발생해 약한 부분인 센터컷이 터지며 크랙이 생성된다.

- 이 시기의 가장 특색있는 현상으로는 콩을 볶는 듯한 경쾌한 크랙음이다.
  콩이 단단하거나 신선할수록 크랙소리는 크게 들린다.
  그렇지만 생두 가공 펄핑의 종류나 방법에 따라 크랙소리가 작아질 수도 있기에 먼저 생두의 프로파일을 충분히 이해해 두어야 한다.
- 원두의 색은 엷은 노란색에서 황갈색을 거쳐 갈색으로 바뀐다.
  세포 내 화합물은 열분해를 통해 수용성 다당류를 생성하고 이 다당류는 갈변반응을 일으키는 캐러멜로 바뀌는 캐러멜라이징(Caramelizing) 반응이 시작된다.
- 1차 크랙은 강한 신향과 함께 발현된다. 단향이 발현되는 과정에서 신향의 강도가 올라가면 곧 크랙이 일어나는 단계를 준비하여야만 한다.
- 콩과 은피(Silver skin)의 팽창지수가 서로 달라 이로 인해 은피가 분리된다.
  즉 커피콩은 계속 팽창하지만 커피콩을 감싸고 있는 은피는 팽창하지 않아 본격적으로 생두에서 밀려 떨어져 나와 배기를 통해 사이클론으로 흘러 들어간다.
  이 시점에서 충분한 배기가 이루어지지 않으면 드럼 내에서 얇은 은피가 타버려 좋지 않은 향이 콩에 배게 된다.
- 1차 크랙이 발생하는 드럼 내 온도는 보통 180도에서 190도 내외이다.

4단계 : 휴지기 – 흡열반응

- 1차 크랙과 2차 크랙 사이로 1차 크랙음이 잦아들다가 이내 멈추게 되는데 다시 열을 흡입하는 시간을 갖는다.
- 단맛을 연출하기 위해 가장 중요한 시점이기도 하다.
- 2차 크랙으로 넘어가면 콩의 온도가 급격히 올라가 빠른 속도로 진행되기 때문에 휴지기에 필요한 열을 공급하여 원두의 안팎이 충분히 익도록 해준다.
- 휴지기가 마무리되면 원두에 남아있던 주름이 모두 펴지면서 콩의 크기는 더 부푼다.
- 2차 크랙이 다가오면서 원두의 향은 탄향으로 변해가기 시작한다.

휴지기에 있는 커피콩

5단계 : 2차 크랙 – 발열반응

- 수분이 모두 빠져나가 커피콩의 밀도가 떨어져 더욱 바삭해지고, CO_2 가스와 휘발성 오일에 의해 생성된 세포 내의 지속적인 압력과 결합하여 두 번째 크랙이 나타난다.
- 휴지기 말미부터 나던 탄향이 본격적으로 나고 드럼 내부에 축적된 열로 빠른 속도로 로스팅 포인트가 진행되므로 배기를 원활히 하는 데 집중하여야 한다.

- 원두의 색은 짙은 갈색과 고동색을 넘어 2차 크랙 중반 이후에는 검은색을 띠게 된다.
- 크랙소리는 1차보다 작으나 파장이 좀 더 날카롭고 규칙적이다.
- 2차 크랙 이후 커피콩의 부피는 생두 대비 80%가량 팽창한다.
- 이후 계속 진행될수록 원두 내부의 오일이 원두 표면으로 급격히 이동한다.

2차 크랙 중인 커피콩

- 로스팅 전 과정에서 충분히 열을 원두에 공급하지 못했다고 판단되거나, 숙성(Aging)이 필요하다고 판단할 때에는 열원을 모두 끈 뒤에 바로 배출하지 아니하고 드럼 안에서 수십 초 동안의 에이징(Aging) 과정을 거치기도 한다.

6단계 : 배출과 냉각단계

- 로스팅이 완료되어 원하는 포인트의 원두색과 향이 나오면 즉시 드럼 외부로 배출하고 냉각이 이루어져야만 한다.
- 빠른 냉각이 이루어지지 않으면 커피콩 내부의 열로 로스팅 포인트가 더 진행될 수 있다.
- 빠른 냉각을 위해 대량 로스팅의 경우에는 냉각수를 이용하기도 하고, 쿨링모터 외에 보조 쿨러를 사용하기도 한다.

배출 후 냉각 중인 커피콩

4 생두에서 원두로의 변화과정

부피	원두의 조직이 부풀어 성겨진다. 벌집과도 같은 허니콤(Honeycomb) 구조가 되면서 부피가 60-90% 증가한다.
무게	원두의 수분이 증발하고 탄소와 그 산화물 같은 무거운 가스가 빠져나가므로 무게는 15-20% 가벼워진다.
밀도	부피가 늘어나고 무게가 줄어들어 밀도는 낮아진다.
색상	캐러멜화 작용으로 당질이 캐러멜로 변하며 그 결과로 원두는 갈색이 된다. 이 변화는 온도가 충분히 높은 상황에서 일어나며 로스팅이 진행될수록 커피는 진한 갈색으로 변화한다.

색도는 로스팅을 진행하는 과정에서 확연하게 변한다.

기본적으로 생두는 푸른 청록색을 띠며 로스팅이 완료된 원두는 짙은 갈색이나 검은색에 가까운 고동색을 띠게 된다.

로스팅이 진행되면서 원두의 색이 변화되어 가는 과정을 메일라드 반응(Maillard Reaction)과 캐러멜라이징(Caramelizing) 현상으로 설명할 수 있다.

메일라드 반응(Maillard Reaction)

곡물인 생두에 많은 부분을 차지하고 있는 탄수화물 중 환원당[포도당(Glucose), 과당(Fructoss), 자당(Sucrose), 맥아당(Maltose)]과 녹말 등의 다당류가 단백질의 구성분자인 아미노산과 반응하여 갈색의 멜라노이딘(Melanoidine)을 만드는데 이를 발견한 프랑스 화학자의 이름을 따 메일라드 반응 또는 마이야르 반응이라 부른다.

캐러멜라이징(Caramelizing)

설탕 성분인 자당(Sucrose)이 열을 흡수하면서 점점 어두워지는 갈변화 현상이며, 자당이 고온에서 가열되면 생두의 갈색을 띠는 캐러멜당으로 변화하는 현상이다.

캐러멜라이징이 진행되면 단향이 생성되며 원두의 색상을 점차로 갈색으로 만들어 나간다.

화학적 변화

이 외에도 발생되는 여러 가지 화학적인 변화는 생두에서는 느낄 수 없는 원두 고유의 향미를 발생시키는 주요한 원인이 된다.

성분		생두	원두
수분		12%	1% - 2%
지방		10%	16%
당을 제외한 탄수화물		45%	40%
당		10%	2%
단백질		11%	7%
탄산가스		0%	2%
무기물질	카페인	1.2%	1.3%
	클로로제닉산(Chlorogenicacid)	6.5%	2.5%
	퀴닉산(Quinic)	0.4%	0.8%
	트리고넬린(Trigonelline)	1%	1%
	유기산	1%	3%

5 로스팅의 단계

어느 정도까지 로스팅을 하는가의 기준이나 명칭에 대한 문제에서 객관성은 필수적이라 하겠다. 이는 로스팅 프로파일을 자료화하고 로스터들 사이의 정보를 교류하고 축적함에 있어서 기준이 될 수 있다.

그렇지만 여러 가지 기준이 존재하여 국가나 지역마다 사용하는 방식이 달라 혼동되고 있다. 최근에 미국의 에그트론(Agtron)사에서는 이에 대한 혼선을 최소하하기 위하여 로스팅된 원두의 색상을 기준으로 하여 에그트론 타일(Agtron Tile)을 만들고 각각의 색상에 숫자를 부여하여 객관성을 높이고자 하여 널리 쓰이기 시작하였다.

숫자가 낮을수록 로스팅이 강하게 되어 색상이 짙은 것이며 숫자가 높을수록 연하게 로스팅되어 색상이 연한 것이다.

분류	배전강도	특성	Agtron No.
라이트 로스팅 Light Roasting (Very Light)	약배전	미성숙한 잡맛	95
시나몬 로스팅 Cinnamon Roasting (Light)	약배전	향이 약하고 약한 신맛	85-90
미디엄 로스팅 Medium Roasting (Moderately Light)	중배전	1차 크랙 시작 약간의 신맛과 독특한 향이 발현 시작	75-80
하이 로스팅 High Roasting (Light Medium)	중배전	신맛이 강하며 아주 약간의 쓴맛이 발현	65-70
시티 로스팅 City Roasting (Medium)	중강배전	2차 크랙 직전 쓴맛과 신맛의 조화	55-60
풀시티 로스팅 Full City Roasting (Moderately Dark)	중강배전	2차 크랙의 시작 쓴맛이 신맛보다 우위 오일이 살짝 스미기 시작	45-50
프렌치 로스팅 French Roasting (Dark)	강배전	쓴맛과 뒷맛이 강함 스타벅스 등 미국 커피	35-40
이탈리안 로스팅 Italian Roasting (Very Dark)	강배전	강한 쓴맛과 탄맛	25-30

우리나라는 과거 로스팅 기술이 일본에서 도제식으로 배워온 것에 기인하여 일본식 로스팅 단계 구분을 많이 사용한다. 그렇지만 국제사회에서는 미국식을 보통 표준으로 삼고 있다.

위 표는 우리나라에서 가장 많이 사용하는 일본식 로스팅 단계별 명칭이다. 그리고 괄호 안은 SCAA(미국스페셜티협회)의 분류를 따르는 미국식 분류명칭이다.

대부분의 상업용 로스팅은 시티로스팅과 풀시티로스팅 두 단계의 사이에서 이루어진다. City+ +급이나 Full City 초반의 로스팅 포인트가 우리나라에서는 가장 많이 보급된 대중화된 배전도이다.

6 블렌딩

1) 블렌딩의 이해

서로 다른 원산지와 가공방식의 커피는 서로 섞이어 또 다른 기호성에 맞는 맛을 만들어낸다.

다른 로스팅 배전도, 다른 원산지, 다른 품종, 다른 펄핑방식의 다양한 커피를 조화와 균형을 이루는 적당한 비율로 섞는 것을 블렌딩이라고 하며, 대부분의 상업용 커피는 블렌딩을 통하여 만들어진다.

블렌딩은 다음과 같은 이유로 해서 이루어진다.

(1) 단종커피(Single Origin Coffee)의 경우 특정 소비자만을 만족시키고 단조롭거나 대중적이지 않을 수도 있어 소비자의 취향에 맞도록 알맞게 조화시키는 배합의 과정을 거쳐 무난하고도 균형을 이룰 수 있는 블렌딩 커피를 만들어 낸다.

(2) 원가절감을 위하여 블렌딩을 한다.

유명세가 있고 가격이 비싼 커피의 타이틀을 내걸고 상대적으로 가격이 저렴한 비슷한 커피를 혼합하여 제조원가를 낮추면서도 마케팅적 목적을 달성할 수도 있다.

주로 자메이카 블루마운틴이나 하와이안 코나 블렌딩이 이 목적으로 쓰인다.

(3) 로스터 자신만의 블렌딩으로 차별화하기 위해 블렌딩을 하기도 한다.

서로 다른 향미 성분들 사이에서 균형을 이루면서도 본인만의 독창적인 맛을 창출해 내고자 여러 가지 맛이 조화로우면서도 개성을 느낄 수 있게 차별화된 블렌딩을 한다.

(4) 특정 산지의 맛을 보완하여 원하는 맛의 방향으로 만들기 위해 블렌딩을 한다.

예를 들면 예가체프 커피의 짧은 바디감을 보완하기 위하여 만델링 커피를 일부 섞는다든가, 콜롬비아 커피의 단조로움을 극복하기 위해 과일 향이 나는 내추럴을 섞는다든가 하는 식이다.

블렌딩에서 가장 고려해야 할 부분은 전체적인 조화와 균형감이다. 그리고 그다음이 개성의 표출인 것이다.

최근에는 블렌딩의 상업적 목적이 너무 부각되고, 소비자들이 커피산지에 대해 잘 알게 되면서 오히려 특정 산지에서 생산한 단종커피(Single Origin)의 수요가 더 늘어나고 있다.

그렇지만 상업적인 면에서 블렌딩은 여전히 중요한 기술적 요소의 하나이다.

2) 선블렌딩 vs 후블렌딩

블렌딩에는 크게 두 종류가 있다.

여러 산지의 생두를 한꺼번에 혼합하여 한 군데서 로스팅하는 선블렌딩과 각 산지의 특성별로 따로 로스팅한 후 이를 다시 섞는 후블렌딩이다.

이 블렌딩의 큰 두 줄기는 모두 장단점이 있다.

선블렌딩

생두를 정해진 프로파일대로 섞어 이를 한꺼번에 로스터기에 투입하여 로스팅한다.

때문에 로스팅하는 중에 드럼에서 생두들이 삼투압적 효과와 함께 서로간에 모자란 성분은 받아들이고, 과한 성분은 내어놓는 과정을 반복하며 여러 종류의 혼합된 생두들 사이에서 향미의 동일성을 찾아나가게 된다. 또한 로스팅된 결과물의 색상과 맛도 안정적으로 유지된다.

한 번만 로스팅하면 되고, 필요한 적정 물량만 로스팅하면 되기 때문에 노동력이 절감되고 재고부담도 덜게 된다.

반면 단점으로는 사전에 블렌딩된 생두의 특성이 크게 차이가 날 경우 로스팅에 어려움을 겪을 수 있다. 그리고 단일종의 프로파일이 아니라 여러 종류가 섞인 생두들의 종합적 프로파일을 모두 고려해야 하기 때문에 상당히 숙련된 경험치와 기술이 필요하다.

소규모 로스터나 로스팅 경험치가 많은 숙련된 로스터에게 유리하다.

후블렌딩

각각의 생두를 개별로 로스팅한 후 혼합하기 때문에 개별 프로파일만 신경쓰면 된다. 따라서 쉽게 로스팅할 수 있다. 그리고 생두 각각의 특성을 최대한 고려하는 로스팅 방법을 택하여 로스팅함으로써 개별 콩의 특성을 잘 살릴 수 있다.

그렇지만 개별로 로스팅된 각각의 원두들을 정확한 비율로 블렌딩한다 하더라도 최종 소비자가 음용할 때는 그 비율대로 정확한 개수로 원두를 갈아 커피를 내리게 되지는 않는다는 문제가 있다. 이때 생산자가 의도하지 않은 맛이 연출될 수도 있는 것이다.

이를 브라질리언 캐슈넛 이론(Theory of Brazilian Cashew Nut)에 비유하기도 한다.

브라질리언 캐슈넛 이론(Theory of Brazilian Cashew Nut)

미국인들이 견과류들을 먹을 때 밀도는 작으면서도 크기가 큰 브라질 캐슈넛이 가장 위에서 주로 손에 잡힌다는 것에 비유된 이론

아무래도 밀도가 작고 크기가 큰 콩들이 먼저 위에서 소비될 것이고, 상대적으로 밀도가 크고 크기가 작은 콩들은 밑에 가라앉아 나중에 소비된다면 의도된 배합비율대로 블렌딩되지 않은 다른 맛이 나올 수 있음을 우려하는 것이다. 각기 따로 로스팅하면서 동일성을 찾지 못한 이 각각의 원두들은 다른 비율에서는 다른 맛을 낼 것이기 때문이다.

또한 단종별로 모두 로스팅을 해야 해서 노동력이 많이 들어가고, 재고 예측에도 불리한 면이 있다.

주로 많은 양을 로스팅하는 대규모 로스터나 경험이 많지 않은 로스터에게 유리하다.

선블렌딩	장점	맛과 색도의 균일성 확보 노동력 절감 재고 예측 용이
	단점	각각의 원두에 대한 프로파일링과 상호관계에 대한 이해 필요 특성의 차이가 큰 생두끼리 배합했을때는 로스팅이 난해
	활용도	숙련자 또는 소형 로스터에게 유리
후블렌딩	장점	단일 생두의 프로파일링만 활용하므로 손쉽게 로스팅 각각의 생두에 대한 특성을 최대한 살릴 수 있음
	단점	맛과 색도의 균일성을 확보하기 어려움 노동력 증가 재고 예측이 어려움
	활용도	비숙련자 또는 대형 로스터에게 유리

바리스타 자격시험

1. 응시자격

1) 카페바리스타 2급

❶ 필기시험

• 국적, 성별, 연령, 학력, 경력 제한 없음

❷ 필기시험 면제자

• 커피관련 타 자격증 및 인증서 소지자
• 자격검정위원회가 인정하는 교육장 연수 이수자
• 장애인 및 다문화가정
• 커피관련 학과목 6학점 이상 이수한 자

❸ 실기시험

• 필기시험 합격자에 한하여 1년 이내 수시로 응시 가능
• 필기시험 면제자는 증명서 제출

2) 카페바리스타 1급

❶ 필기시험

• 카페바리스타 2급 자격증을 소지한 자로 실기시험 조리시간에 구술시험으로 실시
• 구술시험 : 20문항 중 2문항에 대한 질의 답변

❷ 실기시험

- 카페바리스타 2급 합격자에 한하여 각 지역 시험장에서 수시로 응시 가능
- 필기시험 면제자는 증명서 제출

2. 준비물

1) 카페바리스타 2급

❶ 필기시험

- 신분증, 수험표, 컴퓨터용 사인펜

❷ 실기시험(응시자 1명 기준)

- 응시자 준비물 : 행주 4-5장, 리넨 2장, 앞치마, 신분증, 수험표
- 시험장 준비물 : 에스프레소 머신 2Group 이상 2대, 그라인더 2개, 트레이(쟁반), 에스프레소 잔 2세트, 카푸치노 잔 2세트, 물 잔 2개, 물주전자 1개, 스팀피처 2개, 티스푼 2개씩, 초시계, 심사 테이블

2급 시험 부자재

- 에스프레소 잔 세트 2개
- 카푸치노 잔 세트 2개
- 스팀피처 2개
- 물 잔 2개
- 행주 4장, 리넨 2장

2) 카페바리스타 1급

❶ 실기시험(응시자 1명 기준)

- 응시자 준비물 : 행주 4-6장, 리넨 2장, 앞치마, 신분증, 수험표
- 시험장 준비물 : 에스프레소 머신 2Group 이상 2대, 그라인더 2개, 트레이(쟁반), 에스프레소 잔 4세트, 카푸치노 잔 4세트, 물 잔 2개, 물주전자 1 개, 스팀피처 4개, 티스푼 4개씩, 초시계, 심사 테이블

1급 시험 부자재

- 에스프레소 잔 세트 4개
- 카푸치노 잔 세트 4개
- 스팀피처 4개
- 물 잔 2개
- 행주 5장, 리넨 2장

3. 전형방법

1) 카페바리스타 2급

❶ **필기시험** : 60문항(60분)
❷ **실기시험** : Caffè Espresso×2잔 Caffè Cappuccino×2잔
(준비, 조리, 정리 각 5분, 10분, 5분)

2) 카페바리스타 1급

❶ **실기시험** : Caffè Espresso×4잔
Caffè Cappuccino×4잔(준비, 조리, 정리 각 10분)
구술시험 : 조리 중 2문항의 구술문제에 대한 답변

4. 합격기준

1) 카페바리스타 2급

❶ **필기시험** : 100점 만점 중 60점 이상
(총 60문항 중 36문항 이상 합격)
❷ **실기시험** : 300점(60항목) 만점 중 180점 이상
(테크니컬 : 130점/센서리 : 85점×2명 = 170점)

2) 카페바리스타 1급

❶ **필기시험** : 구술시험(2문항)으로 대체
❷ **실기시험** : 300점(60항목) 만점 중 240점 이상
(테크니컬 : 130점/센서리 : 85점×2명 = 170점)

5. 시험장 설치기준

1) 기계 테이블

- 에스프레소 기계 및 그라인더 배치
- 규격 L : 180cm, W : 60-70cm, H : 70-80cm

2) 조리 테이블

- 쟁반, 조리부자재, 기타 기물 배치
- 규격 L : 150cm, W : 60-70cm, H : 70-80cm

3) 심사 테이블

- 심사위원 테이블
- 규격 L : 150-180cm, W : 60-70cm, H : 70cm

장비 구성

- 에스프레소 머신 2대 (2그룹 이상 반자동 머신)
- 그라인더 2대(수동)
- 탬퍼 2개, 청소솔 2개, 넉박스 2개

6. 심사기준

1) 카페바리스타 2급

준비시간 (5분)	테크니컬 심사위원	올바른 행주세팅, 머신 점검상태, 잔 예열상태, 퍽 제거 및 포터필터 청결상태, 조리대/머신 청결상태, 행주 정리정돈
시연시간 (10분)	테크니컬 심사위원	**카페 에스프레소 커피** 잔받침 준비, 포터필터 청결, 스파우트 물기 제거, 도징 시 흘림 정도, 올바른 탬핑, 플래싱(물흘림) 작업, 추출시간과 추출량, 부자재 청결상태 **카페 카푸치노 커피** 에스프레소 작업과 동일. 스팀피처에 우유 준비, 거품내기 전/후 스팀 노즐 청결, 스티밍 작업의 기술적 숙련도, 메뉴 완성 후 우유의 남은 양

<table>
<tr><td rowspan="1"></td><td>센서리
심사위원</td><td>카페 에스프레소 커피
크레마의 색상, 밀도, 응집력, 맛의 균형
카페 카푸치노 커피
시각적 평가(2 : 1 비율), 맛의 균형, 적절한 온도, 거품의 높이(1cm 이상)
공통사항
신속함과 부자재의 청결상태, 잔의 조화, 서비스 자세, 복장상태, 발표자세 및 목표의식, 자신감과 자부심</td></tr>
<tr><td>정리시간
(5분)</td><td>테크니컬
심사위원</td><td>그라인더의 도저 청결상태, 탬퍼 청결상태, 조리대 및 머신 청결상태, 포터필터 청결상태</td></tr>
</table>

2) 카페바리스타 1급

<table>
<tr><td>준비시간
(10분)</td><td>테크니컬
심사위원</td><td>올바른 행주세팅, 머신 점검상태, 잔 예열상태, 퍽 제거 및 포터필터 청결상태, 그라인더의 올바른 입자 조절 작업, 조리대/머신 청결상태, 행주 정리정돈</td></tr>
<tr><td rowspan="2">시연시간
(10분)</td><td>테크니컬
심사위원</td><td>카페 에스프레소 커피
잔받침 준비, 포터필터 청결, 스파우트 물기 제거, 도징 시 흘림 정도, 올바른 탬핑, 플래싱(물흘림) 작업, 추출시간과 추출량, 부자재 청결상태
카페 카푸치노 커피
에스프레소 작업과 동일. 스팀피처에 우유 준비, 거품내기 전/후 스팀 노즐 청결, 스티밍 작업의 기술적 숙련도, 메뉴 완성 후 우유의 남은 양
구술문제
질의에 대한 올바른 답변(1문항)</td></tr>
<tr><td>센서리
심사위원</td><td>카페 에스프레소 커피
크레마의 색상, 밀도, 응집력, 맛의 균형
카페 카푸치노 커피
시각적 평가(2 : 1 비율), 맛의 균형, 거품 모양의 통일성, 적절한 온도, 거품의 높이(1cm 이상)
공통사항
신속함과 부자재의 청결상태, 잔의 조화, 서비스 자세, 복장상태, 발표자세 및 목표의식, 자신감과 자부심, 원두에 대한 정확한 이해와 설명</td></tr>
<tr><td>정리시간
(10분)</td><td>테크니컬
심사위원</td><td>그라인더의 도저 청결상태, 탬퍼 청결상태, 조리대 및 머신 청결상태, 포터필터 청결상태, 부자재 물기 제거 및 건조, 정리정돈
구술문제
질의에 대한 올바른 답변(1문항)</td></tr>
</table>

카페바리스타 1급 구술 예상문제

1. 커피 블렌딩과 관련하여 선블렌딩과 후블렌딩의 각 장단점에 대하여 말하세요.

선블렌딩은 맛과 색도의 균일성이 확보되고 노동력이 절감되며 재고 예측이 용이하지만, 각각의 원두에 대한 프로파일링과 상호관계에 대한 이해가 필요하며 특성의 차이가 큰 생두끼리 블렌딩했을 때에는 로스팅이 난해해질 수 있다.

후블렌딩은 단일 생두의 프로파일링만 활용하므로 손쉽게 로스팅이 가능하며 각각의 생두의 특성을 최대한 살릴 수 있으나, 맛과 색도의 균일성 확보가 어려우며 노동력 증가와 재고 예측이 어렵다.

2. 커피 생두가 로스팅을 통해 원두로 진행되면서 생기는 변화를 열거하세요.

① 원두의 조직이 부풀어 허니콤 구조가 되면서 부피가 60–90%가량 증가한다.
② 수분이 증발하고 휘발성 물질이 빠져나가면서 무게가 15–20%가량 감소한다.
③ 부피가 늘어나고 무게가 줄어들어 밀도가 낮아진다.
④ 함수율이 10% 이상에서 1–2%대로 떨어진다.
⑤ 지방성분이 10%에서 16%로 늘어난다.
⑥ 클로로제닉산이 분해되면서 절반 이하로 줄어든다.
⑦ 기타 유기산은 두 배가량 증가한다.
⑧ 캐러멜라이징 반응으로 색상이 진한 갈색으로 변화한다.

3. 커피 생두의 로스팅 중에 발현되는 향기를 시간적 순서대로 나열하세요.

비린 풀향 → 단향 → 신향 → 탄향

4. 커피 생두의 로스팅이 진행될 때 연한 녹색에서 진한 갈색으로 변화하는 이유를 설명하세요.

곡물에 포함된 탄수화물 중 환원당[포도당(Glucose), 과당(Fructose), 자당(Sucrose), 맥아당(Maltose)]과 녹말 등의 다당류가 단백질의 구성분자인 아미노산과 반응하여 갈색의 멜라노이딘(Melanoidine)을 만드는 메일라드 반응(Maillard Reaction)과 설탕성분인 자당(Sucrose)이 열을 흡수하면서 점점 어두워지는 캐러멜당으로 변하는 갈변화 현상인 캐러멜라이징(Caramelizing) 반응에 의한 것으로 설명될 수 있다.

5. 워시드(Washed) 커피 가공의 장점과 단점을 설명하세요.

장점으로는 섬세하고도 깔끔한 향미를 살리고, 좋은 산미와 복합적인 플레이버(Flavor)가 나오는 결과물을 얻을 수 있으며 균일한 가공이 가능하다.

단점으로는 물을 많이 사용하여 환경오염의 우려가 있으며 시설 설비나 가공과정에 비용이 들어간다.

6. 내추럴(Natural) 커피 가공의 장점과 단점을 설명하세요.

장점으로는 물을 사용하지 않아 환경오염의 우려가 적으며, 설비 투자나 가공과정에 비용이 적게 든다. 단맛과 바디가 좋은 결과물을 얻을 수 있다.
단점으로는 거친 향미나 발효취가 발현되는 것과 함께 균일한 가공이 어렵다.

7. 커핑(Cupping) 시 스니핑(Sniffing)을 하는 이유는 무엇인가요?

심호흡을 깊게 하여 향미를 음미하지 않고, 킁킁거리면서 짧게 코로 들이마셔 감각수용체가 몰려 있는 코와 구강부분을 최대한 활용해 객관적 평가를 하기 위함이다.

8. 커핑(Cupping) 시 슬러핑(Slurping)을 하는 이유는 무엇인가요?

첫째로, 인간의 혀 안에는 짠맛, 쓴맛, 단맛, 신맛 등 각각의 맛을 느낄 수 있는 미각세포가 균일하게 분포되어 있지 않기 때문에, 혀의 특정부분에 닿는 커피의 맛이 그 특정 부위에 많이 분포되어 있는 미각세포에 영향을 받지 않도록 하기 위해서이다. 둘째로, 이러한 과장된 행위는 커핑 시의 긴장감으로 기억되어 다음번 유사한 과장행위 시에 같은 긴장감으로 미각세포들을 좀 더 민감하게 작용시키기 위해서이다.

9. 커피의 관능평가 시 가장 뜨거울 때 입 안에서 평가해야 하는 요소와 그 이유는 무엇인가요?

플레이버(Flavor)와 애프터 테이스트(After Taste)
휘발성 향미를 평가하여야 하는데 이는 뜨거울 때 잘 발현되기 때문이다.

10. SCAA 평가기준으로 커피 맛을 평가할 때 밸런스(Balance)라 하면 어떠한 항목에 대한 밸런스를 의미하나요?

밸런스는 플레이버(Flavor), 바디(Body), 산미(Acidity), 애프터 테이스트(After Taste) 이 네 개 항목의 전체적인 균형감을 이른다.

11. 에스프레소의 추출 시 추출 시간대별로 두드러지는 맛의 순서와 이유를 말하세요.

신맛 → 단맛 → 쓴맛 → 잡맛
각각의 맛을 나타내는 분자구조의 활동성 측면에서 빠르기의 차이 때문이다.

12. 에스프레소 추출 시 크레마의 원인과 역할은 무엇인가요?

신선한 커피에서 나오는 지방성분이 휘발성 향미성분들과 결합하여 만들어내는 미세한 거품층으로 추출 후 에스프레소 상단에 층을 이루면서 뜨는 지질성분이다.
황금색 또는 적갈색으로 표현되는 이 크레마는 에스프레소가 추출되어 음용되기까지 온기와 향미가 날아가지 않도록 보존하는 역할도 한다.

13. 에스프레소 커피 추출 진행 시 맛에 영향을 미칠 수 있는 여러 요소를 나열하세요.

추출수의 온도, 추출시간, 원두의 양, 분쇄도, 추출량, 탬핑의 강도, 추출수의 성분, 추출압력

14. 카푸치노 제조 시 적정 우유의 온도와 이유를 설명하세요.

65℃의 온도가 가장 적합하다.
60℃ 이하의 낮은 온도는 고객에게 제공하기에 적절하지 않으며, 70℃ 이상의 고온에서는 우유의 세포벽이 파괴되어 단백질의 응고가 시작되기 때문이다.

15. 커피에서 쓴맛을 표출하는 구성인자에는 어떠한 것이 있나요?

트리고넬린(Trigonelline), 클로로제닉산(Clorogenic acid), 카페인(Caffeine), 퀴닉산(Quinic acid), 피리딘(Pyridine)

16. SCAA에서 제시하는 가장 이상적인 커피의 추출수율과 농도는 얼마인가요?

커피의 추출수율 8-22%
커피의 농도 1.15-1.35%

17. 핸드드립 추출 시 융필터와 종이필터의 차이점에 대하여 설명하세요.

종이필터는 커피의 지방성분을 흡수하면서 잡미도 같이 잡아주어 깔끔하고도 밝은 느낌의 커피가 추출되지만 융필터는 그와 반대로 많은 복합적인 맛이 같이 어우러지는 풍성한 맛과 밀도 높은 바디감을 느낄 수 있다.
융필터는 반복적으로 사용하기 어려우며 사용할 때마다 세척해야 하나 종이필터는 단가가 저렴하고 처리가 간편하다.

18. 콜드브루 커피(더치커피)의 두 가지 추출방법을 설명하세요.

분쇄한 커피원두에 추출수를 한 방울 한 방울 장시간 떨어뜨리며 내리는 드립식 방법과 물탱크에 커피를 분쇄하여 찬물과 함께 넣고 오랜 시간 두었다가 정제해 물과 분쇄된 원두를 분리해 내는 침출식 방법이 있다.

19. 낮은 고도에서 형성되는 커피의 유기산과 높은 고도에서 형성되는 커피의 유기산, 그리고 토양을 통해서 형성되는 커피의 유기산을 순서대로 말하시오.

구연산(Citric Acid), 사과산(Malic Acid), 인산(Phosphoric Acid)

20. 아라비카와 로부스타에 함유되어 있는 카페인의 양은 어느 정도인가요?

아라비카는 생두 내에 1-1.5%가량 함유되어 있으며 로부스타의 경우는 2-2.5%가량 함유되어 있어 거의 두 배 가까운 양이다.

7. 감점 및 실격 사항

1) 카페바리스타 2급/1급

① 1차/2차 샷 시간 오차범위 ±3초 초과 시 1초당 1점씩 감점
② 샷 시간이 20초 미만 또는 30초 이상 초과 시 1초당 1점씩 감점
③ 구술문제에 대한 답변 미흡 시 감점
④ 시연시간 10분 초과 시 1초당 1점씩 감점, 1분 초과 시 실격
⑤ 부자재 파손 시 실격
⑥ 지각자 및 결시자 실격
⑦ 응시자의 과실로 인한 장비 파손 시 실격처리 및 변상

8. 응시자의 복장

① 머리는 단정하게(어깨 아래의 머리길이는 올림머리)
② 상의는 목부분에 칼라(collar)가 있는 무채색의 셔츠나 남방
③ 블랙의 바지 또는 치마(미니스커트, 짧은 반바지는 감점요인)
④ 신발은 굽이 낮은 단화 또는 화려하지 않은 운동화
⑤ 향수, 팔찌, 시계, 반지 착용 금지

9. 실기시험 진행단계

1) 카페바리스타 2급

❶ 준비시간 : 5분

1단계: 발표

준비된 부자재 준비상태 확인 후 테크니컬의 시작 신호 구령과 함께 응시번호와 응시자 이름 발표
(응시번호 1번 홍길동 준비 시작하겠습니다.)

2단계: 행주세팅

① 리넨 한 장은 앞치마에 차고, 한 장은 머신 앞에 넓게 펴서 깔아둔다.

② 행주 2장을 물에 적셔 머신 양 옆에 두어 스팀 노즐 청소용과 조리대 청소용으로 준비한다.

③ 마른 행주 한 장은 워머 위에 두고, 다른 한 장은 개수대 옆 부자재 물기 제거용으로 사용한다.

3단계: 머신 점검

스팀 노즐 점검, 그룹헤드와 포터필터 점검, 온수 점검
(준비된 스팀피처에 온수를 담아 잔 데우기)

4단계: 샷 테스트

잔이 데워지는 동안 샷 추출을 통해 분쇄입자 굵기 및 추출 줄기 확인(담는 양과 탬핑의 압력을 통해 조절)

5단계: 준비 마무리

① 데워진 잔을 마른 행주를 이용해 물기 제거 후 워머 위에 준비

② 퍽 제거 후 포터필터 세척

③ 그라인더 도저에 남아 있는 가루 제거

④ 머신 및 조리대 주변 물기 제거 및 정리

⑤ 마무리 보고(준비 마치겠습니다.)

❷ **시연시간** : 10분

1단계: 발표(자기소개)

시작 신호 구령과 함께 응시번호와 응시자 이름,
시험 응시에 대한 동기 및 목표에 대한 발표, 서비스할 메뉴 설명

2단계: 물 서비스

발표가 끝나면 트레이에 물 두 잔을 담아 센서리 심사위원에게 서비스한다.
실례하겠습니다. → 물 서비스 → 잠시만 기다려 주세요.

3단계: 카페 에스프레소 서비스

① 잔받침과 티스푼 준비
② 도징 후 에스프레소 추출(데미타스 잔)
③ 추출 시 도저 및 주변 청소
④ 추출 종료 후 잔 바닥을 리넨에 닦은 후 준비된 잔받침에 올려 서비스

4단계: 카페 카푸치노 서비스

① 잔받침과 티스푼 준비, 피처에 우유 담기
② 도징 후 에스프레소 추출(카푸치노 잔)
③ 추출 시 도저 및 주변 청소
④ 추출 종료 후 리넨 위에 내려놓고 우유 스티밍
⑤ 메뉴 완성 후 준비된 잔받침에 올려 서비스

5단계: 시연 마무리

카페 카푸치노 메뉴 서비스 후 자리로 돌아와 보고
(시연 마치겠습니다.)

❸ 정리시간 : 5분

1단계: 발표

테크니컬 심사위원의 정리 시작 신호와 함께 정리 시작
(정리 시작하겠습니다.)

2단계: 머신 및 그라인더 정리

① 퍽 제거 후 포터필터 세척
② 그라인더 도저 및 탬퍼 청소
③ 조리대 및 머신 물기 제거 및 청소

3단계: 행주 수거

① 사용 행주 모두 수거
② 마른 행주 개수대 옆에 펼쳐 놓는다.

4단계: 서비스한 메뉴 수거

① 트레이를 가져가 서비스된 메뉴들 수거
② 개수대에서 세척
③ 준비된 리넨 위에서 물기 제거
④ 개수대 주변 물기 제거

5단계: 정리 마무리

처음 가지고 들어온 부자재 그대로 트레이에 담아 마무리 보고 후 들고 퇴장

2) 카페바리스타 1급

❶ 준비시간 : 10분

1단계: 발표

준비된 부자재 준비상태 확인 후 테크니컬의 시작 신호 구령과 함께 응시번호와 응시자 이름 발표

- 부자재는 조리대에 세팅되어 있음

(응시번호 1번 홍길동 준비 시작하겠습니다.)

2단계: 행주 세팅

① 리넨 한 장은 앞치마에 차고, 한 장은 머신 앞에 넓게 펴서 깔아준다.
② 행주 2장을 물에 적셔 머신 양 옆에 두어 스팀 노즐 청소용과 조리대 청소용으로 준비한다.
③ 마른 행주 한 장은 워머 위에 두고, 다른 한 장은 개수대 옆 부자재 물기 제거용으로 사용한다.

3단계: 머신 점검

스팀 노즐 점검, 그룹헤드와 포터필터 점검, 온수 점검
(준비된 스팀피처 2개와 에스프레소 잔 4개, 카푸치노 잔 4개에 온수를 담아 잔 데우기)

4단계: 샷 테스트

잔이 데워지는 동안 샷 추출을 통해 분쇄입자 굵기 조절 및 추출 줄기 확인
(입자 조절 나사를 통해 응시자가 직접 굵기 조절을 한다. 제한시간 내에 반복추출 가능)

5단계: 준비 마무리

① 데워진 잔을 마른 행주를 이용해 물기 제거 후 워머 위에 준비
② 퍽 제거 후 포터필터 세척
③ 그라인더 도저에 남아 있는 가루 제거
④ 머신 및 조리대 주변 물기 제거 및 정리
⑤ 마무리 보고(준비 마치겠습니다.)

❷ 시연시간 : 10분

1단계: 발표(자기소개)

시작 신호 구령과 함께 응시번호와 응시자 이름, 1급 시험에 응시하는 동기 발표, 오늘 사용할 원두에 대한 설명, 서비스할 메뉴 설명

2단계: 물 서비스

발표가 끝나면 트레이에 물 두 잔을 담아 센서리 심사위원에게 서비스한다.
실례하겠습니다. → 물 서비스 → 잠시만 기다려 주세요.

3단계: 카페 에스프레소 서비스

① 잔받침과 티스푼 준비
② 도징 후 에스프레소 추출(데미타스 잔)
③ 1차 추출 시 2차 도징작업 후 추출
④ 추출 종료 후 잔 바닥을 리넨에 닦은 후 준비된 잔받침에 올려 서비스

4단계: 카페 카푸치노 서비스

① 잔받침과 티스푼 준비, 피처에 우유 담기
② 도징 후 에스프레소 추출(카푸치노 잔)
③ 1차 추출 시 2차 도징작업 후 추출
④ 2차 추출 시 우유 스티밍 작업, 2잔 마무리 후 바로 2차 스티밍 작업
⑤ 메뉴 완성 후 준비된 잔받침에 올려 서비스

5단계: 시연 마무리

① 시연 중 구술문제 1문제 출제, 테크니컬 심사위원이 질문하면 작업하면서 답변하면 된다.
② 카페 카푸치노 메뉴 서비스 후 자리로 돌아와 보고 (시연 마치겠습니다.)

❸ 정리시간 : 10분

1단계: 발표

테크니컬 심사위원의 정리 시작 신호와 함께 정리 시작
(정리 시작하겠습니다.)

2단계: 머신 및 그라인더 정리

① 퍽 제거 후 포터필터 세척
② 그라인더 도저 및 탬퍼 청소
③ 조리대 및 머신 물기 제거 및 청소

3단계: 행주 수거

① 사용 행주 모두 수거
② 마른 행주 개수대 옆에 펼쳐 놓는다.

4단계: 서비스한 메뉴 수거

① 트레이를 가져가 서비스된 메뉴들 수거
② 개수대에서 세척
③ 준비된 리넨 위에서 물기 제거
④ 개수대 주변 물기 제거

5단계: 정리 마무리

① 마른 행주를 이용해 세척된 부자재 건조
② 처음 세팅되어 있던 부자재 그대로 조리대에 정리하고 "정리 마치겠습니다." 보고 후 가져온 행주 들고 퇴장

참고한 기관 / 사이트 / 문헌

- Goverment of India Ministry of Commerce & Industry
- India Coffee Board
- United Nations Conference on Trade and Development(UNCTAD)
- Brazil Govern News
- Alliance for Coffee Excellence(ACE) (http://www.allianceforcoffeeexcellence.org/en/cup-of-excellence/)
- Specialty Coffee Association of America(SCAA) (http://scaa.org/index.php?goto=home)
- Coffee Quality Institute(CQI) (https://www.coffeeinstitute.org/)
- Bialetti (www.bialetti.it)
- Wikipedia (www.wikipedia.org)
- Factors Affecting Caffeine Toxicity / Peters, Josef M / The Journal of Clinical Pharmacology and the Journal of New Drugs
- History of the Cafetière / Grierson, James / Galla coffee, retrieved 2009-12-23
- Coffee Floats Tea Sinks: Through History and Technology to a Complete Understanding / Bersten, Ian / Helian Books
- The History of China's National Drink / Evans JC / Greenwood Press
- The global coffee economy in Africa, Asia and Latin America / Clarence-Smith, W. G. / Cambridge University Press
- Coffee: Growing, Processing, Sustainable Production / Jean Nicolas Wintgens / Wiley-VCH
- 커피플렉스 / 박창선 / 백산출판사

- 커피헌터 바리스타 그 이전 이야기 / 박창선 / 레드닷컴퍼니
- Coffee & Caffe / 가브리엘라 바이구에라 / 예경
- 커피컬쳐 / 최승일 / 밥북
- 손탁호텔 / 이순우 / 하늘재
- 올 어바웃 에스프레소 / 이승훈 / 서울꼬뮨
- 우리나라 커피의 역사 / 황수진 / 국가과학기술정보센터 유관기관 칼럼
- 커피의 역사 / 하인리히 에두아르트 야콥 / 자연과 생태
- 커피인사이드 / 유대준 / 해밀
- 에티오피아의 커피 / 허장, 리재웅 / 한국농촌경제연구원
- 과학으로 풀어본 커피 향의 비밀 / 최낙언 / 서울꼬뮨
- 화학대사전 / 세화 편집부 / 세화
- 커피 향이 가득한 The Coffee Book / 이현구 / 지식과 감성

박창선 (Sean Park)

건국대학교 부동산대학원 개발전공 석사

現) 커피산지내(TL) UNIPESSOAL, LDA 기술연구원
팔당커피농장 R&D 기술고문
커피전문회사 ㈜블루빅센 대표이사
국제커피감정사(Q-grader)
바리스타 1급, 2급
로스팅마스터즈 책임강사
(사)한국식음료외식조리교육협회 교육기술 최고위원
카페바리스타 자격증 실기 심사위원 Head 인스트럭터
카페바리스타 자격증 필기 시험 Head 출제위원
커피전문잡지 드립매거진, 쿡앤셰프 전문가 칼럼니스트
커피프로듀서 / 커피헌터 / 커퍼 / 로스터 / 바리스타

前) 교보증권 애널리스트
KIST(한국과학기술연구원) 내 LOHAS 연구기업 임원
지식경제부 승인 해외자원개발프로젝트(DUSON PROJECT) 대표
중구청 중림문화원 바리스타 책임강사
커피전문잡지 커피길드 전문가 칼럼니스트

(사)한국식음료외식조리교육협회

2019. 제9회 2019서울국제식음료외식조리경연대회 개최
2018. 라이스케이크전문가 민간자격 등록 및 검정시험 시행
2017. 전통주 지도사 민간자격 등록
2015. 아동요리지도사 민간자격 검정시험 시행
2015. 이태리요리전문가 민간자격 검정시험 시행
2015. 핸드드립, 라테아트 전문가 민간자격 검정시험 시행
2012. 카페바리스타 민간자격 검정시험 시행
2012. "한국식음료외식조리교육협회"로 명칭 변경
2011. 민속폐백이바지사 민간자격 시행
2011. 출장요리연회사 민간자격 검정시험 시행
2011. 찬품조리전문가 민간자격 검정시험 시행
2002. "사단법인 전국요리학원연합회" 설립
1991. 전국요리학원연합회 설립

저자와의
합의하에
인지첩부
생략

바리스타를 위한 **커피교과서**

2023년 1월 5일 초판 1쇄 발행
2024년 5월 31일 초판 2쇄 발행

지은이 박창선 · (사)한국식음료외식조리교육협회
펴낸이 진욱상
펴낸곳 (주)백산출판사
교 정 박시내
본문디자인 신화정
표지디자인 신화정

등 록 2017년 5월 29일 제406-2017-000058호
주 소 경기도 파주시 회동길 370(백산빌딩 3층)
전 화 02-914-1621(代)
팩 스 031-955-9911
이메일 edit@ibaeksan.kr
홈페이지 www.ibaeksan.kr

ISBN 979-11-6567-528-8 13570
값 19,000원

Coffee Shop
Coffee house
Coffee Break
Bon Appetit
ALL you need is coffee

ALL you need is Coffee
Coffee Shop
Coffee house
Bon Appetit
Coffee Break